Fashion Stylist's Handbook

时装造型师手册

Danielle Griffiths

［英］
丹妮尔·格里菲斯 ——— 著

赵婧 ——— 译

湖南美术出版社

全国百佳图书出版单位

Fashion Stylist's
Handbook

时装造型师手册

目 录

引言

一次杂志拍摄、一场T台秀、一个广告项目。全球时尚行业向世界所展示的是一个流畅且轻松的形象，传递着美与渴望。但事实是，你所看到的仅仅是一个漫长、复杂过程的高潮部分，艰难的幕后工作已经由一群以时装造型师为核心的艺术家完成了。

这本手册旨在为时装造型师的工作——时尚行业内一个快节奏的、令人神往的领域——提供一个全面而循序渐进的专业指南。作为一名造型师，我遇到了太多对这个行业只有一知半解就入行的助理们，这不是他们的错，他们能获得的信息太少，这便是本书的初衷。与其聚焦于"如何造型"，本书将聚焦于"如何成为一名造型师"，为想要开始造型职业生涯的人可能会遇到的许多问题提供了答案：如何进入时尚造型行业？如何建立合适的人脉？助理的角色是什么？如何为拍摄挑选服装？如何给你的客户开具发票？

第一、二章着眼于造型师的功能、时尚造型的不同领域以及从接手一份工作到拍摄环节的实操过程。第三、四章涉及了入行的方法、助理的角色，覆盖了到你蜕变前的、所有需要知道的事情（还包括了之后的生存方法！）。第五章概述了与时尚行业相关的时装秀、时装季的内容，之后的章节讲述了试拍、创建作品集、建立人脉以及开始创业的细节。最后一章提供了一些实用的参考信息，包含有用的业内小窍门和实用信息。

书中还包含了幕后工作照和顶尖造型师、核心业内专家等圈内人士的访谈，比如与这些专家一同工作的公关顾问，他们将分享多年工作经验中汲取的洞见和经验。所有关于造型你需要知道的都可以在本书中找到，它打开了封闭的世界，让你抢先了解时尚领域中最热门、最令人梦寐以求的职业之一。

丹妮尔·格里菲斯

第一章　时装造型师是什么?

时装造型师是为时装发布会、时装系列以及时尚杂志内页、广告项目、音乐视频、搭配手册和网站中的图像与客户、摄影师、编辑或艺术总监合作创造视觉造型或概念的人。十年前，很少有人知道时装造型师是什么，在真人秀节目大行其道的今日，伴随着"全美超模大赛"（America's Next Top Model）、时尚博客和社交媒体的爆发，时装造型师则变为了名声鹊起、令人向往的角色。无论如何，时装造型领域依旧很难进入，只有一小撮造型师会告诉你它是如何实际运作的。

时装造型师做什么？

　　时装造型师的工作不只是挑选服饰和穿衣模特，还需要让产品尽可能看起来诱人且值得拥有。我们日常生活中见到的几乎每一张图片，都是经由某人造型过的，不是为了推销某个观念，就是劝说我们认可某种生活方式，或是推广某设计师品牌。

　　时装造型师会带着衣服、鞋、珠宝以及其他配饰去拍摄照片、时尚电影或音乐视频的片场。你需要研究、借调品牌方的服装，管理、照看这些衣服，让模特试穿它们，以及确保它们在拍摄后归还给品牌方。造型师应掌握一大堆的能随时派上用场的技术技巧，包括缝纫、熨烫服饰。你不需要负责头发造型和化妆，但你的任务可能包括为拍摄预约妆发团队。

　　时装造型师听命于客户、摄影师或者时装总监，按照任务单制作一套造型或一个画面。对于时装视频拍摄来说，你需要阅读阐述片子理念的脚本、分镜，并与艺术总监探讨导演指示。每一份工作都包含着准备工作：制作预算、调查研究、准备客户想要的造型类型，以及决定最适合模特的装扮。你要从时装公司或者公关公司处索要样衣，这就是所谓的借衣（call-in）或借调（pull）。

　　成功拍摄的秘诀就是要让它看似毫不费力，就像是当天早晨才匆匆拼凑起来的一样，但实际却包含着海量的准备工作：维持核心人脉、联络和谈判、管理紧张的时间期限、快速思考决定、应对权威以及处理难题。

　　时装造型不是一个朝九晚五的工作，可能需要长时间工作，使人筋疲力尽。开始的时候，你不仅仅需要视觉方面的天赋和对时尚的热爱，你还需要成为一名工作勤奋、态度积极、有商业头脑的员工。这就是说，时装造型是一门

山姆·威尔金森（Sam Wikinson）在《康珀尼》杂志（Compônere Magazine）的内页中身穿安德鲁·马泰伊（Andrew Majtenyi）设计的连衣裙，造型师丹妮尔·格里菲斯（Danielle Griffiths），摄影师萨拉·路易斯·约翰逊（Sarah Louise Johnson）。

可以学习的手艺，学得越多，受益越大，再假以运气，你就会成为一名举止优雅、富有创意的职业造型师。

时装造型师的工作领域

　　总而言之，时装造型师或者长期为某本杂志工作，或者为各种各样的客户、杂志、时尚品牌担任自由造型师。自由造型师通常由代理公司代理，而他自己手下可能有一名助手甚至一个团队。工作中，你会身兼数职并且朝着许多

幕后，摄影师萨拉·路易斯·约翰逊一边站在临时梯子上保持平衡，一边捕捉镜头。

时装造型师的素质

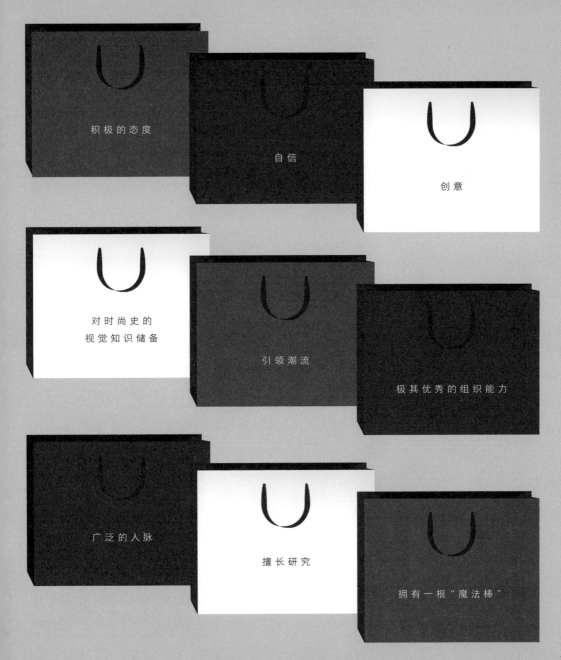

积极的态度

自信

创意

对时尚史的
视觉知识储备

引领潮流

极其优秀的组织能力

广泛的人脉

擅长研究

拥有一根"魔法棒"

不同的创意方向发展。下文列举了时装造型师可以涉足的诸多领域,从杂志内容和走秀的造型,到广告、电视、电影和音乐行业的创意造型。

杂志 / 非商业内容

杂志的时尚总监和时尚编辑与时装造型师的角色类似,都是为非商业照片拍摄设计造型、打造内容。大型的报刊会有一个时尚编辑团队,共同策划创意概念,同时把需要亲自动手的拍摄准备、组织工作交由时装助理去做。

作为造型师,组织拍摄、预约摄影师、确定妆发团队、安排模特试镜,可能会是你的主要工作内容。对于高端时尚还是高街时尚风格的选择,是由你服务的出版物的类型决定,但你需要负责从公关公司和(或)时装公司那里挑选服装。造型师通常与公关、广告公司走得很近,目的是为了强化出版物的品牌形象。

纸质广告 / 电视广告

广告业的造型师角色类似于影视剧中的造型师和服装师,依据工作指示安排工作,受艺术总监或影片导演的领导和监管。这项工作是为商业广告或广告项目中的每一个人创造一套特制的行头。至于是选择设计师品牌还是高街品牌,是从公关公司租用还是借用服装都取决于预算和创意思维。

时尚杂志可以为非商业内容造型提供全球的工作机会,这些杂志(从左至右)分别位于贝鲁特、伦敦和悉尼。

走秀

走秀造型师负责国际时装周(见第五章)上的造型工作,他们有的提前 4 至 6 个月便开始与设计师紧密合作,设计造型或是打造走秀和服装系列的整体呈现方式,有的是走秀前几周参与协助和组织。还有许多小型的走秀会全年在

右：
瑞士品牌福格勒鞋履（Vögele Shoes）的纸质广告。

下：
2005 年高端百货商店哈维·尼克斯（Harvey Nichols）的橱窗广告。摄影师蒂姆·布莱特－戴（Tim Bret-Day），造型师厄休拉·莱克（Ursula Lake）

79,90

vogele-shoes.com

VŌGELE|SHOES

由佩特拉·斯托尔斯（Petra Storrs）设计并造型的服装，摄于 2014 年伊斯坦布尔春夏秀场。

对页：
在这张歌手帕洛玛·费思（Paloma Faith）的形象片中，造型师佩特尔·斯托尔斯兼任了布景师、艺术总监和时装设计师。这件镜面裙是斯托尔斯设计并制作的。

世界各地举办。

除了传统意义上的走秀，现在一些杰出的时尚品牌还制作数字化的时装秀，它们拍摄于传统走秀日程之前。法国的时尚品牌皮埃尔·巴尔曼（Pierre Balmain）曾在北京用数字化手段发布了 2013 年春季成衣系列，比纽约时装周上的展示要早 3 个月。

数字影片和电影

数字技术为时装造型师与摄影师和艺术总监的合作方式提供了更多的可能性和更新的形式。大型时尚品牌，例如普拉达（Prada）、高田贤三（Kenzo）、亚历山大·麦昆（Alexander McQueen）会聘请顶级造型师，花大价钱拍摄时尚影片，但现在，人们可以制作与影院电影同等质量的数字电影和视频广告，并在移动终端和设备上传播，使消费者与他们感兴趣的品牌产生更亲密的互动。新的技术手段意味着摄影师和导演可以为某个平台拍摄广告，同时为另一个平台拍摄另一支广告。时装造型师也可以为一部时尚电影或音乐视频做服装统筹，凭借艺术总监的眼光，去考量整体的拍摄制作，而不仅仅是模特的穿着。

音乐

为音乐产业做造型包含做私人买手，也就是为艺人或乐队挑选服装，还包括为音乐会、巡演、视频或电视节目通告提供创意视觉。你可以从公关处借调高端服饰，也可以自己设计服装。

名人 / 红毯

明星造型师既是私人买手也是潮流达人。你需要知晓时尚界的动向和名人时尚，也就是谁穿了什么、在什么电影或电视节目里演了什么，你还需要与演艺圈业界保持良好的关系。

你的工作不仅仅要让你的客户看起来完美无瑕且紧跟潮流，还要未雨绸缪和排忧解难，比如天气突变或者发现你的客户在穿着某件衣服时无法坐下，又或者在狗仔拍照时这套服装会走光。

搭配手册 / 产品目录 / 电子商务

搭配手册是一本由时尚设计师或时尚品牌出版的关于当季产品系列照片的小册子。每一张图片中模特穿着的服装形象被称作一套"搭配"（look），每一套搭配在手册中都有对应的序号。搭配手册的目标是要推销、宣传设计师的作品，便于让造型师和买手挑选想要购买或租借的服饰。大多数的搭配手册直接取材于走秀的拍摄，相对新晋的设计师尚不具备能力举办服装秀，所以他们会选择为当季服装系列安排一次照片拍摄。

在你在为某个品牌准备搭配手册或图册时，客户会为拍摄提供所有的服装。他们可能已经把搭配组合好了，你也可以用样衣自行创造入时的搭配。你还可能会被要求去挑选道具、鞋履和配饰。在线电商，譬如 ASOS、玛莎在线（M&S）和颇特女士（Net-A-Porter）几乎每周都会在影棚或外景地进行拍摄，在一天中，你可能要拍摄从五套到三十套不等的搭配。

数码和线上媒体

线上时尚网站、视频直播和社交媒体的爆炸式增长为非商业内容打开了一个新的世界，让时尚品牌更接近消费者，并前所未有地降低了后者接触时尚的门槛。这个变化为试图踏入时尚圈的新晋造型师提供了令人兴奋的良机。他们可以以数码的形式，通过时尚博客的网络编辑内容来展示他们拍摄的故事。

新生一代已经向我们展示了如何将时尚博客转化为收入可观的线上生意。他们之所以能够成功，是因为他们融合了线上和线下的世界，具备了之前名人才拥有的受众和影响力。布莱恩男孩（Bryanboy）的博客一年净赚 62,000 英镑，现在他成了"全美超模"的评委。例如海恩斯莫里斯（H&M）和盖尔斯（Guess）这种时尚零售品牌通过广告、联名服装系列以及举办竞赛等方式，直接与博主联合加强品牌建设。

私人造型 / 形象顾问

私人造型师帮助客户更新衣橱，针对最新的时尚潮流给出建议。在你整理

自由伦敦女孩（Liberty
London Girl）是一名顶
尖时尚博主，在网上有
着大量的粉丝。

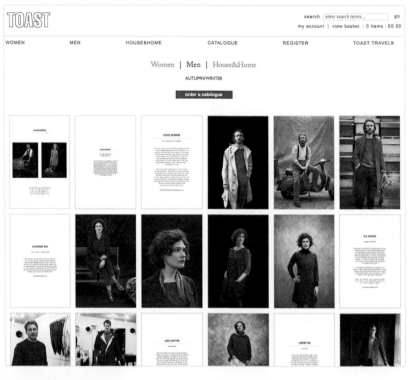

客户的衣橱时，你负责提供形象顾问服务，为他们挑
出服装并搭配成套。你可能需要在定额的预算限制
下，外出购买所需的服装或者同客户一起购物。你既
是美容、服饰的顾问，又是精神导师和密友。

电视（服装部）

在做电视剧时，你的角色则类似于服装师和服装
设计师。在智力问答节目中，你更近似于私人造型师，
但在《X因素》（X Factor）和《美国偶像》（American
Idol）这种节目中，你还要展示你自己，在镜头前提
供造型建议。

服装家居品牌托斯特
（Toast）持续在线上
呈现了高水平的造型。

道具造型和布景设计

道具造型师和布景设计师为拍摄、时装秀、零售空间或电影提供道具或设
计布景和装置。道具可以是从最简单的椅子到放在田地中央的巨型电视机的任何
东西。

为中国版《时尚芭莎》杂志
广告所做的道具造型，由莎
士比亚（Shxpir）拍摄。

你在为谁工作？

当你刚刚作为时装造型师起步时，很重要的是，从一开始就知道客户是谁，又是谁雇佣了你（通常是摄影师），而且还要听从他们的想法和要求。在创意团队中，一些客户会扮演更主动的角色，例如，如果客户是一个高端品牌，那么他们在服装的挑选、广告项目或推广视频中的搭配和主题上则有着更多的控制权。下文是你需要了解的不同角色的一个基础指南，尽管如此，我们要知道，所有的传媒公司在组织方式上都有着少许的不同。列星标的条目是造型师的重要人脉。

杂志

主编 *：负责杂志的内容，所有部门都受主编的领导。

时装总监 *：时装部的领导，确保服装、场景搭配完美，确保所有的广告商都有体现。由于周转期短，他们一周一次监督拍摄、分配造型师。

时装编辑 *：开发拍摄理念，出席拍摄并为拍摄做造型，撰写文章、评述，受时装总监的领导。

时装助理 *：组织、研究拍摄，负责收集并归还所有的服装，招聘实习生。

预订编辑：统筹拍摄和封面制作——寻找场景，组织外出行程，预订酒店，集合团队。

图片编辑 *：收集所有图片，确定图片在杂志中编排的连贯性。

制作经理 */ 高级制片人 *：负责为杂志软性广告的制作组建团队。

艺术总监助理：负责联络广告客户与编辑团队。

广告公司

客户管理（客户经理 / 企划 / 总监）：维护公司与客户的关系——后者雇佣前者去推广产品，管理合同，跟进、支付、研究、报告项目的花费等。

创意总监 *：按照客户需求提供创意理念，在广告开发和制作中为创意团队提供整体方向。审核所有的广告项目。

艺术总监 *：负责广告的整体视觉，招聘团队。

艺术买手 *（纸媒）、公司 / 电视制作人（电视）：与创意团队共同组织广告拍摄。收集作品集（见第七章）和视频作品集，从中挑选摄影师、导演和团队。

项目 / 运营经理：指导从创意到印刷的所有工作的落实，与艺术买手一起，监督制作、艺术购买和工作室工作进展，确保广告按时刊发并控制预算。

传媒公司

媒介策划 / 媒介采购：制定客户的传播策略——确定目标市场、选择媒体渠道以及以节约成本的方式谈判并获得媒体展现空间。

制作公司

制作经理 / 制作人 *：负责为拍摄制定财务、物流计划，为摄影师和导演组织模特试镜，预订外景地，准备许可材料和器材，准备餐饮服务、保险和拍摄日程表等。也负责为摄影师或导演组建团队。

唱片公司

创意经理：整体监督，做最终决定。

创意总监 *：根据任务单审定整体创意，在制作、开发艺术作品和艺人推广过程中指导创意团队。

艺术总监 *：你在音乐行业的主要联络人（你还有可能与市场、音乐人或平面设计师合作）。

产品经理 *、视频专员 *、媒体发言人 *：安排照片拍摄、组建团队。

音乐经纪公司

经理 *：艺人的经理会带着造型师出现，特别是当他们对艺人的形象有要求的时候。

经纪公司

代理 */ 经纪人 *：大多的摄影师、造型师、妆发艺人都有代理和一个特定的经纪人。

纽哈尔特·奥海宁（Newheart Ohanian），
时装造型师

www.newheartnyc.com

　　纽哈尔特·奥海宁毕业于名校纽约时装学院（Fashion Institute of Technology），以时装设计师的身份入行，但多年后，她决定开启自由造型师的职业生涯。

你是如何积累你的第一批人脉？

　　我最开始时是一名设计师，但之后发现造型才是我真正的兴趣所在。我不知疲倦地工作，常常无偿做助理，我与创意团队每周一次地进行实验，从而建立起了我的作品集并积累了经验。我辅助的造型师发现我对服装有着独到的眼光，可以解读某个概念或趋势，并在此基础上搭配服装。在一次项目中，一名摄影师对我为另外一组造型团队做的工作表达了钦佩，第二天他打电话给我要求看我的作品集，其余的故事就众所皆知了。

你最开始是如何为试拍来挑选服装的？

　　刚开始造型时，我借我妈妈的衣服（皮草、连衣裙）和珠宝，也从商店购买服饰。多年后，我和很多展示间（showroom）、品牌方都建立了良好的关系。做小型杂志的拍摄时，我会将服装多留一天或多留一个周末，为试拍做准备。我总是倍加小心地保护样衣，并且创作出风格强烈的图像，这样人们就更愿意把服装再次借给我。

你是如何搭配造型的？

　　早年间，我从不会在搭配造型前提出创意，因为我不是总能拿到我想要的单品，这样就不得不根据现有的服饰来进行创作。有时，这是一个数学问题。你有多少条连衣裙？你有多少套裤装搭配？用了多少件同一设计师的作品？我现在很走运，因为我索要的样衣通常都能够拿到，这样就使我的工作容易多了，节省了一半的准备时间。

与导演或摄影师合作拍摄时装视频时，创意流程是什么样子的？

　　首先要阅读脚本并把导演指示过一遍——与艺术总监谈谈他们想要的效果，交换下想法等等。下一步就是准备服装和拍摄了，之后再共同挑选图片。摄像和静态摄影区别很大，你不能用夹子也不能用其他的"快速修补"方法，所以服装必须要合身，并且还一定要有备选。

工具箱中最有用的物品是什么？有没有什么快速修补的窍门？

　　双面胶、别针和夹子。我时装设计的背景随时都能派上用场：我可以几分钟内给一条裤子锁边，在立体裁剪方面获得的训练使得我熟悉服装的垂坠感，知晓在哪改动缝份却不会改变服装的设计。

你是否有助理？如果有，你希望他们具备什么能力？

　　我有多个助理，他们负责从展示间收集服装和饰品，在拍摄后归还它们。拍摄现场助理负责整理样衣间，看护好所有的商品，记录样衣间中单品的品牌信息，给模特穿衣。好的助理一开始就积极主动，会预估我的需求，也就是说他们需要时时刻刻聚精会神。守时对我来说也很重要。

选自 "弗里兰乐园"，向戴
安娜·弗里兰（Diana Vree-
land）致敬的作品，造型师
纽哈尔特·奥海宁，模特莱
安·克里斯汀（Ryan Chris-
tine），摄影师尤利娅·戈
尔巴琴科（Yulia Gorbach-
enko）。

你是否有经纪公司？它是如何帮助你的？

我正在寻找一家纽约经纪公司，我之前用了一段时间的洛杉矶经纪公司。你需要找
一家关心你和你的事业的经纪公司，因为对于双方来说，这像是寻觅一段既和睦又对双
方有利的婚姻关系。如果合得来就太棒了！

业内的什么人或什么事曾影响了你？

我无条件地热爱格蕾丝·柯丁顿（Grace Coddington）所编辑的漂亮的、概念化
的杂志内容。我欣赏卡琳·洛菲德（Carine Roitfeld）先锋的内容，她总是在挑战极限。
盖·伯丁（Guy Bourdin）和赫尔穆特·纽顿（Helmut Newton）是影响我最深的摄影师。

你有什么建议可以提供给那些志向远大的时装造型师？

要坚韧不拔、积极进取。这个工作并不总是像外界看到的那么光鲜亮丽，远远不是，
除了创意，它还需要大量体力劳动。重要的是你需要时刻关注商业方面的情况、市场以
及购买服装的人、需要突出展示的品牌或广告商。了解你的摄影师和编辑，活跃在博客
和时尚网站的前列——这是你要做的功课！

第二章　时装造型师的工作

现在，在对造型师工作的领域有了大致的了解后，我们将聚焦于拿到一个工作项目时你需要知道的东西。这一章充斥着从得到工作机会、到为拍摄做准备、拍摄过程中应问的问题以及应遵循的流程，并为你提供建议。你会了解到对于造型师来说，时尚公关有多重要，同时也会接触收集样衣、在拍摄后归还样衣的实施办法。

收到一份工作邀请

作为时装造型师，你可能会从图片编辑、制作公司、导演、摄影师或经纪公司那里得到工作机会（见第一章）。谁预约了你的工作时间，谁就是你这个项目进行期间的客户。

客户打电话确认你的档期（将你列入日程表）与拍摄日程是否相符，他们会根据你的薪酬或日单价做出估价。薪酬、预算和花费是不同的，理解这一点很重要。薪酬是你用工作换取的费用；预算是你在准备开工前，客户为置装所提供的金额；而花费是你在项目中的个人花费成本，应由客户在事后报销。

第九章会详尽地说明如何预估、协商个人薪酬（包括自由造型师的薪资标准列表），如何制定预算并确认工作的细节。但这章会介绍关于面对一个工作邀请作出恰当回复所需的各类信息。首先要做的是倾听联系你的人，其次是尽可能地提出更多的引导性问题，以评估这个工作机会。以下问题有助于了解落实工作时应考虑的事情。

✖ 拍摄的目标群体、拍摄的类型、拍摄的地点都是什么？是非商业拍摄还是广告项目？是音乐推广还是电视广告？

✖ 任务单的内容是？需要做什么？

✖ 活动或拍摄中需要多少名模特参与，拍摄工作量是多少？这个问题有助于估算准备工作量和搭配件／套数。你或许在拍摄当日是有空的，但如果参与的模特众多、拍摄的任务繁重，你是否能在有限时间内做好准备？

✖ 客户需要什么风格的搭配？走史黛拉·麦卡妮（Stella McCartney）这种高端风，还是偏高街风更多一些？

✖ 造型预算是多少？一些客户会告诉你全部预算的确切数字，并期望花费能够控制在预算内，包括置装费。另一些客户会询问你筹备所需的天数和期望薪酬。也有一些客户甚至不提供预算。

山姆·威尔金森身着阿奎亚（Aqua）连衣裙，斯蒂芬·琼斯与伊萨联名（Stephen Jones for Issa）的帽子，造型师丹妮尔·格里菲斯，摄影师萨拉·路易斯·约翰逊，载于《康珀尼》杂志。

一份典型工作的简要时间线

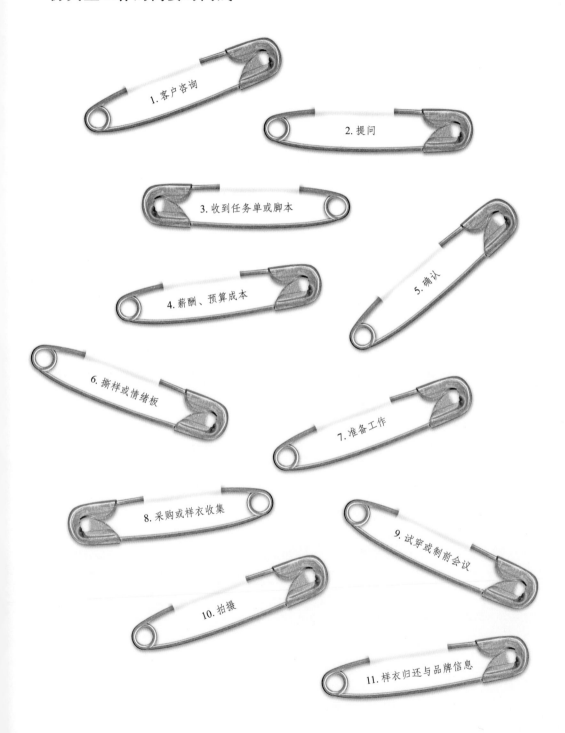

1. 客户咨询
2. 提问
3. 收到任务单或脚本
4. 薪酬、预算成本
5. 确认
6. 撕样或情绪板
7. 准备工作
8. 采购或样衣收集
9. 试穿或制前会议
10. 拍摄
11. 样衣归还与品牌信息

✖ **在置装上，客户是否有固定的预算，你是否需要为置装预估成本？** 一旦拿到了任务单，你可能就要开始预估所需的费用。你需要用自己的时间去完成这项工作，并且是没有酬劳的。第九章将阐释成本预算的相关内容。

✖ **拍摄何时发表？** 专辑或单曲何时发布？你需要确定使用什么季节的服装。

✖ **是否有群众演员？** 你有可能要负责群演的造型。在一些项目中，一个造型师负责主要的乐队或广告对象，而另一个造型师则负责群众演员。在小制作中，你很可能要负责所有的事情。

✖ **摄影师是谁？** 了解之后可以帮助你决定要多少酬劳。

✖ **客户是否会提供介绍信？** 如果没有费用预算，那他们是否希望你去借用服装？为了从公关公司借服装，你需要一封客户开具的介绍信（见第 50 页）。拍摄广告片时通过公关公司从高街品牌或高端品牌处借装是非常困难的，一些品牌会借用，但会收取租金。如果预算很少，则需要模特、艺人或者群众演员自带一些私人服装。

✖ **他们是否需要情绪板（moodboard）？** 客户或许会为你准备好撕样（tear sheets）或脚本（storyboard），但通常，他们会要求你将包含个人观点的情绪板准备好。这一工作多出现于广告或音乐客户的要求中。你需要在私人时间内完成这项工作。

✖ **你是否需要搜集道具？** 客户最好有预算单独聘用一名道具造型师，如果没有，这项任务也会落在你肩上。你总是需要询问客户是否需要搜集道具——因为客户可能会希望你来做这项工作。

✖ **你的准备时间有几天？** 一旦你对工作量有了了解后，你就可以预估准备时间了。一些客户会标明在准备时间中他们会支付报酬的天数，另一些会询问你需要多少天，并问及是否能够在分配的时间内完成准备工作。

✖ **花费是否报销？** 包括准备工作中的快递费和差旅费，有可能进行的制前会议、试穿以及归还样衣所需的费用。

✖ **他们是否会为助理买单（薪酬和花费）？** 有助理帮助是很棒的，但由于预算限制，很可能只有在拍摄当天有一名助理，而准备过程中没有。

摄影师萨拉·路易斯·约翰
逊在拍摄外景。

跟进工作任务单

一旦商定了条款和薪酬，并确认了工作内容后（见第九章），你需要将注意力转向客户提供给你的任务单（brief）。任务单概述了你需要完成的事情，一个好的任务单会清晰地说明你的目标——你的工作就是严格地按照任务单执行。你需要将任务单分解为不同的部分：

✖ 要拍多少张照片？

✖ 拍摄的类型——全身照、跨页广告（Double-page spread）还是局部照？

✖ 每张照片中有多少模特、艺人或群众演员？

✖ 拍摄的主题是什么？

✖ 拍摄的地点在哪里——影棚还是外景地？

✖ 拍摄的时间——白天还是晚上？

✖ 拍摄日的天气预报是怎样的？如果下雨，会不会损坏你为拍摄准备的鞋子？

✖ 拍摄的照片何时发布？你需要决定发布时服装是否应季：如果广告在 11 月中旬出刊，那用高街夏装做搭配就不太合适了。

任务单有多种形式。杂志很可能只提供一张撕页，附带一段简短描述，用于概述他们想要的搭配、照片数量和选用的模特。而美妆品牌的纸质广告拍摄任务单或许包含两张撕页、四名模特，每张照片中有两名模特、一共四套不同搭配等要求，并附带对服装的简略描述，如"节日装扮"。其他广告任务单也可能极度详尽、具体。下文是一个耳机的广告项目的案例，提供给造型师的任务单是一份完整的、包含商品图片的、PDF 格式的分镜：

工作顺利需要如下内容得到保证：

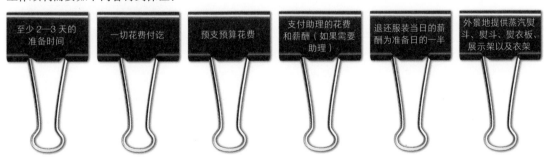

至少 2—3 天的准备时间 ｜ 一切花费付讫 ｜ 预支预算花费 ｜ 支付助理的花费和薪酬（如果需要助理）｜ 退还服装当日的薪酬为准备日的一半 ｜ 外景地提供蒸汽熨斗、熨斗、熨衣板、展示架以及衣架

广告项目任务单示例

种族	中欧各色人种（褐色、浅褐色皮肤）、地中海人、高加索白人、南欧人、东欧人、非洲和亚太人种。
年龄	19—24 岁。
性别	男性和女性，性别比例待定。
模特数量	6 名
产品	所有的模特都应手持或头戴产品出镜，每一张照片中的模特都应进行着某项"活动"。
衣服	服装对应"活动"——比如玩滑板、走路、听音乐等活动。
拍摄类型	全身和躯干局部的镜头组合，取决于模特正在进行的活动。只要单人照。
采用照片数量	6 张

对于音乐视频或推广影片来说，你会从导演那里收到一份叫做故事大纲的任务单，同时还会收到一份分镜，被告知每个镜头的样子。对于音乐相关的摄影来说，你会拿到一个可供参考的情绪板或分镜。

撕样和情绪板

为拍摄故事或主题研究思路，你应从收集启发你的人或事的图像开始。它可以采取撕样（tear sheet）的方式，可以是网上内容的打印页，也可以是杂志、报纸、图册、明信片或传单的撕页。其目标是用你的撕样来打造令你感兴趣的氛围和样式，但重要的是，不能直接复制它。复古图录、二手书籍和古旧的《孤独的星球》的封面都能提供丰富的视觉素材。

情绪板（mood board）是一系列图片组合，它们可以帮助你理清思路——在照片拍摄中如何为一套搭配或一个故事做造型。有时客户会要求你制作一个情绪板，如此一来，你就需要和客户、艺人开个会，一起过一遍情绪板上的内容和你的思考过程。请使用一个轻薄的、可携带的板子，尺寸不要超过 A3，将图片喷绘在上面；或者你还可以使用在线情绪板，例如投码网（dropmark.com），制作好情绪板内容再用移动端设备展示你的想法。在第六章里，你会找到为拍摄做研究调查、构思故事的方法。

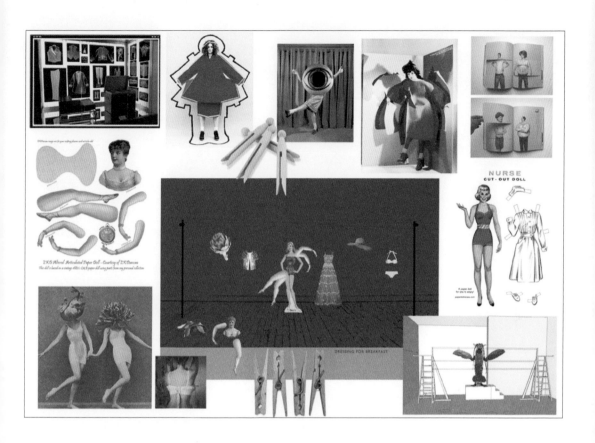

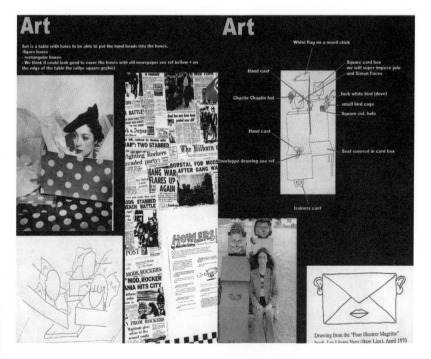

上：
"为早餐穿搭"的情绪板，由造型师和布景师佩特拉·斯托尔斯为客户制作。

左：
分镜的一部分，由摄影师桑德丽娜和迈克尔（Sandrine & Michael）为某乐队的一次音乐视频拍摄制作。

准备工作

准备工作是指为拍摄做前期准备。在一个项目中，准备时间会分配给你——用这段时间来周密计划、妥当准备。为了着手开始准备工作，你需要下述信息：

✖ **模特是谁，他们的经纪公司是哪家？** 在经纪公司的网站上核实他们的信息。

✖ **模特的尺码是多少？** 没有尺码就没法开始准备工作。如果客户使用的是平面模特或名人，而不是走秀模特，那么他们很可能就不是公关标准尺码（英码 6 至 8 码）。对于平面模特而言，你需要根据预算购买高街服装，而对于名人来说，你可能能够从公关公司借到服装。

✖ **是否有制前会议？** 这是所有部门齐聚探讨并确认拍摄指示的契机（见第 41 页）。

✖ **对于广告项目或音乐视频来说，你是否有所有模特的具体联系方式？** 你需要与他们本人或他们的经纪公司探讨着装要求。你还需要联系所有的群众演员，要求他们自带私服。

✖ **拍摄地点是哪里？** 是否有个地方可以为拍摄做准备，或许有辆温尼贝格房车？或者你是想要将所有的东西放在行李箱里拖来拖去？还是放在汽车后备箱？

✖ **拍摄现场是否有蒸汽熨斗、熨斗、熨衣板、展示架和衣架？**

✖ **对于要归还的样衣，对方是有指定的快递公司还是你要自己找？** 有时杂志指定的快递公司比你自己找的要便宜。

✖ **拍摄对象是一个乐队、一位艺术家还是一组艺术家？** 做做研究，在网络上搜索他们的名字——他们面对的受众市场是怎样的，是新艺人还是已经获得一定的媒体口碑了，这些都是借衣服需要参考的因素。听听他们的音乐——如果是舞曲，那么你需要为他们选择能够自由活动的服饰。

这张图由莫莉小姐（Miss Molly）造型，约翰·霍珀（John Hooper）拍摄，它与现实中造型工作的准备场景出入不大。

日刊、日报、周刊、周报、半月刊或双周报的准备工作

==

- ✘ 拍摄在报刊发行前一个月至一周内进行，服装都必须是可以直接在店内购买的成衣（所以对于六月发行的刊物，你将要准备春夏季的样衣）。

- ✘ 你将要从设计师公关那里或相关的高街系列中租调样衣。百货商店是最适合收集样衣的综合商店，因为他们有大量的设计师品牌以及高街服装。

- ✘ 你需要与借装的每一家商店的公关部门打交道。如果公关无论如何也不允许租借，那么小型的高端精品店则常常能够满足你的要求，并有可能让你从他们的库存中直接借出样衣——这种情况下，你应直接与其老板对话。

- ✘ 你也可以向网络店铺借衣服，只要你给对方足够的时间为你的拍摄整理好样衣。像颇特女士（Net-A-Porter）和 ASOS 这类网站会非常配合。

==

从月刊到年刊的准备工作

==

- ✘ 出版前三至四个月开始进行拍摄，如果是九月刊，那么拍摄就在五月前后，使用的就是秋冬季的样衣，于八月出版。

- ✘ 与公关公司预约，挑选拍摄样衣（见第 46 页）。

- ✘ 样衣必须和刊行之际商店中售卖的的服装相符，所以你要在盛夏时拍摄秋冬季服装，而在深冬拍摄春夏季服装。你不能从百货商店或精品店中收集样衣，因为在杂志刊发时，它们可能已经售罄了。

- ✘ 一些顶尖季刊的拍摄直接安排在服装秀之后。

==

时装秀的准备工作

==

- ✘ 一旦拿到工作邀约，你就需要与设计师见面探讨他们的构想以及他们想要呈现的设计亮点。你需要想办法将设计师的构想转化为秀场上可见的元素。

- ✘ 知晓你用来造型的服装的季节，了解时装秀的主题，这样你就能为整个服装系列打造风格鲜明的造型了。

- ✘ 与其余的团队成员会面，包括发型师、化妆师和制作人，从而保证团队中的每一个人都跟上了设计师的构想。制作人负责走秀：他们将会协调音乐、灯光和后台需求，并且在大多数情况下，他们负责服装和模特的出场顺序。

- ✘ 在一个准备日中，各个部门的领导会共同商讨妆发造型，通常情况下，会使用公司签约的模特或是外聘模特。服装将会准备好被所有人检阅，配件也会被确认，并讨论走秀音乐。

- ✘ 走秀前数日，你将会和设计师和制作人一起挑选模特，这其中还会包括试装环节，这样你就可以看到模特的样子、他们走台步的水平以及服装上身的效果。

萨斯与拜德（Sass+Bide）14
春夏的模特搭配板，西尔维
娅·奥尔森（Silvia Olsen）摄
于纽约时装周后台。

✖ 在模特被选定穿着某套服装后，她将会穿着那套服装拍照，为确定走秀顺序和
展示架上的搭配做好准备。一旦走秀出场顺序定了以后，签约模特也会身着其
余的搭配拍照。之后，每一个模特穿着的照片都会放到一个搭配板（look board）
上——上面会有模特的图片、搭配的图片、搭配序号以及关于衣服的一段简短描
述和造型方法的概述。

✖ 在这个过程中，你需要决定使用哪些配饰。根据设计师的情况，你会拿到一笔鞋
履和珠宝的预算，但同时，你应动用与公关公司的关系来借用配饰，或者与鞋
履、帽子和配饰设计师合作完成（如果一名鞋履设计师也参与了进来，通常需要
提前预留数月的时间）。这些配饰设计师的名字会在新闻通稿中被提及或写在走
秀的说明文字中，随着礼品袋一起发放出去或是放在走秀的座位上。

✖ 你会和设计师和制作人一起讨论和编排出场顺序。裙子需要在恰当的时刻飞扬起
来，并辅以恰当的音乐。如果走秀主题有了一点点变化，假设从日装变成了晚
装，灯光和出场顺序都需要随之改变。这是一个漫长的过程，即使不耗费几天的
时间，也要花费数小时。

✖ 你需要和制作人一起组织换装助手，换装助手届时会来帮助模特换衣。换衣是一个
高速、疯狂的过程，有时当一件衣服十分复杂或全是纽扣时，模特需要两个换装
师配合。你可以从公关或活动组织方获取帮助，后者通常会提供换装助手和女裁缝，同时还会
提供展示架，衣架、蒸汽熨斗、化妆镜、座椅以及为后台活动准备的的电源插座。

✖ 走秀当日会安排彩排，通常期望在秀前约一小时举行，但更有可能只提前半小时。
制作人和公关公司会负责搭配图册的现场拍照或走秀的网络直播。

广告拍摄准备工作

==

✖ 在接到广告制作公司或广告公司的工作后，你会从客户处收到一份任务单和视觉效果画面，你需要依此制作一份成本预算。

✖ 客户会要求你制作一个情绪板，来展示你对于任务单的理解，展示你已经了解了他们想要的东西。

✖ 基于产品或品牌，你要决定购买高端还是高街服装，如果任务单要求很明确，你还有可能要获取样衣。

✖ 广告公司或制作公司会要求你小心谨慎地从公关处收集服装（还期待你能够拿到一支魔杖！）如果你能够从公关或设计师那里租借服装，那你有可能需要支付租金——这又一次地取决于你和公关的关系，并且决定权在对方手中。大多数情况下，公关不会为广告拍摄借装，因为广告中不会出现样衣品牌或设计师的名字。

✖ 一旦你集齐了服装，你将要在一个陈列模特上拍摄所有的造型，再将图片寄给客户，为制前会议上的讨论和造型选择做准备。若客户对搭配选择不甚满意，在制前会议后，你可能还要再多做些工作。

✖ 制前会议通常会在拍摄前一天召开：请要求客户将会议安排在早晨，若有需要，你就有时间在当日下午或晚上再多做些准备了。

==

造型工作有时可能很基础，可能只是挑选一件普通的 T 恤和一条牛仔裤。

MNDR官方音乐网站，纽哈尔特·奥海宁造型，伊莱亚斯·维塞尔（Elias Wessel）摄影。

音乐摄影准备工作

==

✖ 无论谁雇佣你——或是艺术总监或是产品经理——都会给你下发一则任务单或故事大纲（取决于是拍摄静物还是拍摄视频）、艺人图像以及他们的一些音乐。你需要听听即将被拍摄的音乐来做准备，明确受音乐启发产生的图像。每一首歌都有一个故事，你的目标就是要找到故事并将其可视化。

✖ 你通常需要为每个乐队成员都制作一个情绪板。一旦这项工作完成后，你就要和艺人会面，探讨你的——和他们的——想法。这也是一个测量所有人尺码的好时机。如果走运，你这之后就可以直接开工并开始准备工作了。

✖ 对于一个新人或是不知名的艺人，你会拿到指定的购物预算。如果和你私交不错的公关喜欢这个艺人的样子和风格，那他们或许会租借样衣给你。但也有可能这个艺人之前的造型师搞砸了，于是现在就轮到你来改变艺人的风格，你要怂恿公关与这名艺人合作。需要注意的是，样衣的尺寸永远都是英码6到8。

✖ 对于知名艺人而言，你的购物预算可能会高很多，你也可以从设计师或公关那里借到衣服。还可以选择特别订做服装（取决于预算），或是艺人自己设计，或是你自己设计，或付钱请设计师设计，再由裁缝制作完成。

✖ 一旦拍摄所需的服装都到位后，就要进行试穿了（在商讨准备时间时，将这一环节纳入你的成本费用中，因为它就算不耗费一整天的时间，也会用掉半天时间）。试穿当天，你需要让艺人尽可能地多试穿几套衣服。你要确认所有的高街服装是否合体（永远不要修改公关样衣，除非这些衣服是送给艺人自留的）。你要把每一套可能的搭配都拍照记录下来，在这个过程中计算各种成本。

✖ 试穿环节后，你可以将商店购回的服装修改达到合体，并上街购买尚缺的单品。

✖ 一旦所有的服装都到位后，你就要开始将它们搭配成套，为拍照或摄像做好准备。

==

产品图册和电商网站的准备工作

====================================

✖ 对于像玛莎百货公司这样的服装品牌来说，你要使用它们自己的服装系列来设计造型。取决于公司和产品，你可能会拿到一笔预算，用于购买配饰和道具。你每天要拍摄 20 到 30 套搭配，要么是外景拍摄，要么是在影棚。

✖ 如果不需要配饰或道具，你的工作就始于拍摄当天，拍摄当天你需要带着工具箱出现，将样衣列表（line sheet）上的所有搭配与分配给你的展示架上的所有服装逐一核对。

✖ 假设你要拍一件上衣，那么你就需要去影棚的其余展示架上寻找与之搭配的裤子、牛仔裤或裙子，然后熨烫所有的衣服，以备拍摄。

====================================

小贴士

无论做哪一类工作，你需要与所有人保持沟通。譬如，当你与客户邮件沟通关于服装的想法时，确保抄送给制作团队和摄影师。

上：
像 ASOS 这样的电商网站，你有可能在一天中拍摄 5 到 30 套搭配，这全都取决于客户。

名人造型准备工作

====================================

✖ 准备工作取决于你的客户是谁。

✖ 一线明星可以从高端设计师和公关公司到高街品牌提供的服装中任意挑选，全部取决于客户想要穿什么。

✖ 对于二线明星来说，你应从高端或二、三线设计师，以及关系良好的公关公司租借衣服。你有可能还要自己去采购。

✖ 为三线明星造型时，在大多数情况下，你需要个人采购，并且需要制定一个好的预算备案。你还是可以从公关公司租借，但很可能借不到高端服装——这取决于他们是否认为你的客户适合该品牌。

====================================

2013 年奥斯卡颁奖礼红毯上身着克里斯汀·迪奥高级定制（Christian Dior Couture）的詹妮弗·劳伦斯（Jennifer Lawrence）。

为阿迪达斯 SLVR13 年秋冬
系列图册造型。

搭配手册的准备工作

===

✘ 所有的服装都由客户提供。然而，为搭配手册造型可以创造一个激动人心的机
   会——充分利用你的人脉，拉不同的设计师入伙。你或许认识一个杰出的鞋履设
   计师，他与你正在造型的服装设计师合得来。这类合作可以打造一种绝佳而全面
   的工作关系。

===

制前会议

　　制前会议是为了在拍摄前让一个团队碰头，确保每个人都清楚自己的任务。会上你应展示你设计的搭配，同时展示情绪板和买到的服装，告知团队拍摄用的每一套搭配或故事。会议开始时，每个人都应介绍自己的名字、职位和所在部门。下列人员应出席会议：

制前会议应在拍摄前约一天左右举行，这样所有的人就都能明确目标了。

广告：

　　广告公司　客户总监、创意总监、艺术总监、艺术买手

　　客户　创意经理

　　制作　制作经理

　　团队　摄影师、数码制作师（修图师）和造型师

音乐：

　　唱片公司　创意总监、创意经理、产品经理

　　管理公司　经理、乐队成员

　　制作　制作经理

　　团队　摄影师、数码制作师（修图师）、布景设计师、造型师，可能还有妆发造型师

会议议程：

✖ **拍摄：**地点，如何到达地点，有多少人去。通告单以及拍摄地点的相关信息。

✖ **镜头：**摄影师或导演会商讨拍摄的视觉效果和必要的组织形式。

✖ **布景：**与布景设计师商讨。

✖ **服装：**你将介绍你的情绪板（若适用）和服装。会议前一天，你应将所准备的不同搭配的照片发送给大家，会前将它们打印出来，确保人手一份。会上会讨论这些搭配，并安排好拍摄顺序。若有任何困难，应在会上提出。

通告单

通告单包含拍摄的所有重要信息：团队成员的名字和联系方式、地点、日期时间和发票号，可见下文示例：

通告单

摄影师的名字 / 工作和客户的名字
（以高街手机公司的广告拍摄为例）
2016 年 6 月 23 日

通告时间	摄影师、模特和团队 08:30 公司 09:30	
摄影师	姓名 @ 所在公司名称 公司具体联系方式以及固定电话号码	手机号码
广告公司	客户总监，姓名 创意总监，姓名 艺术总监，姓名 艺术买手，姓名	所有联系人的 手机号码
客户公司	创意服务经理，姓名	手机号码
造型师	姓名 @ 所在公司名称 公司具体联系方式以及固定电话号码	手机号码
造型助理	姓名	手机号码
妆发	姓名 @ 所在公司名称 公司具体联系方式以及固定电话号码	手机号码
妆发助理	姓名	手机号码
模特	姓名 @ 所在公司名称 公司具体联系方式以及固定电话号码	手机号码
拍摄助理	姓名	手机号码
数码制作师	姓名	手机号码
餐饮	餐饮服务公司名称	手机号码
地点	摄影工作室 地址 联系人姓名 地图、路线的网上链接	手机号码
紧急联系人	最近的医院	
发票号 / 工作号 / 订单号		

与公关公司合作

    作为造型师，最重要的事情之一就是和公关公司处理好关系。公共关系（公关）是时尚行业的核心要素。时尚公关公司与设计师合作，推广后者的产品，通过一系列的渠道——数字媒体、纸媒以及活动——提升后者的品牌知名度。公关公司里的代表通常会代理多个不同的奢侈品牌或小众品牌设计师，并积极地向时尚圈、媒体和消费者推广这些设计师。设计师个人也可能有公司内部公关，充当他的新闻发言人，处理他的样衣请求。高街品牌或设计师也会在公司内部设置公关部门，负责借调样衣。本书最后的参考资料部分提供了一个公关公司列表。

    公关公司负责为他们所代理的品牌进行合理的时尚定位，并向外推广。无论是制作高质量的时装秀，还是配合时装造型师的工作，他们都需要追踪消费者的行为和价值，从而反过来帮助公关公司建造强大的、对消费者有直接吸引力的品牌平台。

    公关是你在时尚造型领域中的首要联系人。你需要知道公关代理了哪家品牌，他们的地址是哪，以及谁是正确的对接人。时装造型师通过公关协调服装外借，也就是造型师会联系公关索要某个设计师品牌的一套搭配或样衣，用于拍摄。

变色龙视觉有限公司（Chameleon Visual）在媒体发布会当日用陈列模特来呈现蔻依（Chloé）13年秋冬季的样衣。

布洛公关公司（Blow PR）将
样衣打包完毕，准备寄给造
型师。

公关首先会判断某件样衣在某个杂志中的植入效果，再决定是否值得借出。借给造型师的样衣通常都不收费，但所有的样衣在归还时都应保持与最初借出时完全相同的状态，这是一个共识。与诸多公关代表建立信任是至关重要的，在他们眼中，你必须建立起一个可靠的造型师的形象，这不仅包括照看样衣，还要提升样衣对应的品牌的影响力。

对于借装对象，公关是非常谨慎的。对于顶级杂志，通常都不是问题，但对于小众一些的刊物，样衣就难借一些了。大多数公关都不会借装给广告拍摄，除非广告质量上乘并且值得付出：多数情况下，公关的目标是通过样衣展现所代理的设计师，但对于像早餐麦片或摩托车这样的广告或品牌，他们的目标是实现不了的。对于音乐视频，是否借出样衣取决于艺人是谁、公关公司是否希望他们客户的设计与艺人所代表的品牌发生关联。

公关公司会通过电子邮件（只要有过一次合作，你就会被自动列入到他们的电子邮件列表）发送他们最新的产品发布和系列，也会在发布季开始时通过举行媒体日（见第五章）的方式传递品牌走秀的最新系列。媒体日通常是在走秀之后的2—3个月左右举行，在那之前杂志都会开始拍摄这些新系列。

借衣

借衣是造型师工作的核心内容。你需要清楚每一个时装品牌和公司的代表，比如，你被要求去国际知名服装设计师玛丽·卡特兰佐（Mary Katrantzou）那里收集四条连衣裙，因此你需要知道她的公关代表是卡拉·奥托（Karla Otto）。你还有可能需要收集配饰、珠宝、帽子、鞋履、箱包、手套、袜类或内衣，因此你需要知道它们对应的公关渠道。

小贴士

当你是新晋自由造型师时，公关会让你在准备就绪时来领取、归还样衣。公关只为知名造型师和杂志社寄送样衣。

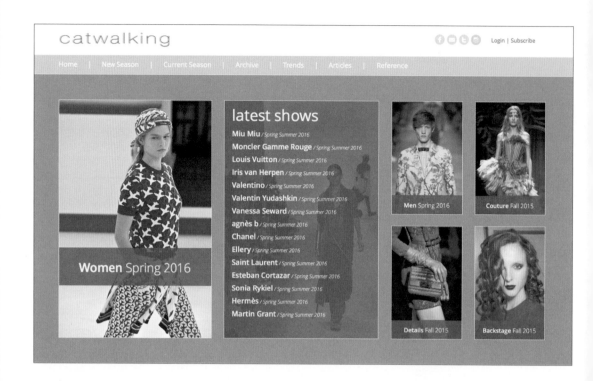

例如走秀网（Catwalking. com）这样的网站有着大量的时装秀照片，所以你可以在上边浏览过去和现在的服装系列。

公关代表负责的每个设计师都会有整个服装系列的搭配手册。公关是否拥有完整系列取决于设计师在其他城市里有没有其他一个甚至更多的公关。你可以在网上挑出拍摄所需的单品或搭配，例如史黛拉·麦卡妮 2015 至 2016 年秋冬系列中的第 5、18 和 23 号搭配。有时候，你手头并没有搭配手册，你可以在设计师的个人网站上找找是否有当季的服装系列，或者去时尚网的英国站（Vogue.co.uk），上面有从过去到现在最新的所有走秀照片。利用大型时装网站来做样衣收集会容易、迅捷许多。其他可参考的网站有走秀网（Catwalking. com）以及个别时装周网站（见参考资料，第 195 页）。

一旦拿到了要找的信息，你就可以联系公关了，告诉他们你要拍的故事，并索求选好的样衣。公关会要求将你的请求通过电子邮件发送给他们。在寄送邮件时，你需要指明你找出搭配序号时所使用的具体搭配手册或网站——以防浪费宝贵的时间，因为公关有可能会找来错误的样衣。

预约公关

如果你想要实地查看、挑选衣物，你就需要与对应的公关做预约，把衣服单品挑出来。如果你的任务是写一篇时装报道，并且这本杂志资历尚浅，那么

在赴约时，一定要带上一本杂志，这样公关就能看见杂志内容，知道广告商都有谁、文章是关于什么的，并判断杂志的总体风格和感觉。别忘了带上一份杂志主编的介绍信（见第 50 页）。

在赴约前就对你需要的单品进行了解。如果是一个小型拍摄，那么就选择少量的单品，不要选太多，然后在做下一次公关预约时也如法炮制。如果拍摄规模很大，并且你已经跟公关打招呼了，那么就尽可能借调更多的服装。

公关会为你准备一个展示架的衣服。在浏览过所有的样衣后，你就可以选择、整理出你自己想要的展示架单品集合了。在这一步之后，你需要填写一个关于拍摄的表格：要拍摄的故事梗概、样衣寄送的地址和日期、拍摄的日期、样衣归还的日期以及你的具体联系方式。

对页：
从公关处收集样衣。

这之后你就要赴下一个约了，谨慎地做预约计划，确保你有充足的时间取回拍摄所需的服装，综合考虑公关公司之间的距离——先去一个地址赴约，挑好所有的搭配，之后再花 30 分钟乘地铁或公交穿越城市去另一个地址，这可能不现实。

介绍信

如果你是一位不知名的自由造型师，公关通常都会索要一封由杂志社开具的介绍信。介绍信不仅证明了你在为杂志工作，而且确保如发生样衣丢失或损坏的情况，杂志会通过保险公司为它们提供保险赔付。

　　介绍信需要写在有杂志名称抬头的信纸上，并由主编签字。这封信要确认你在为杂志的特定一季拍摄一个故事，并提供拍摄的日期和杂志刊行的日期。它还应声明杂志对样衣丢失和损失全权负责。

　　介绍信应附在与公关沟通索取样衣的每一封电子邮件中。下文是一则模板：

FASH
MAGAZINE

介绍信

敬启者：

　　我确认造型师（造型师的名字）正在为 FASH 杂志拍摄造型，拍摄定于 7 月 21 日，内容将载于我们的 11 月刊。

　　烦请贵品牌允许（造型师的名字）从 16/17 秋冬服装系列中收集样衣，对此我将感激不尽。我确认样衣的品牌名称将会出现在杂志中，并对我们借用的单品全权负责。

此致
敬礼！

（名字）
主编
（电话号码）
（杂志的地址和具体联系方式）
2016 年 7 月 14 日

说明信或电子邮件

你发给公关索要样衣的电子邮件应包括造型师、杂志和摄影师的名称，拍摄日期以及拍摄的主题或任务单。永远记住要将介绍信包含在内。如果有截图图片，将它们附上也或许有用，这可以帮助公关立刻锁定你要找的服装搭配。下文是一则模板：

尊敬的新闻办公室：

我正在为 FASH 杂志（www.fash-magazine.com）的拍摄做造型。请见附件中的介绍信。

拍摄日期定于 2016 年 7 月 21 日，刊印于 11 月刊。拍摄的主题将围绕装饰展开，并贯穿强有力的建筑线条。

我将与摄影师（摄影师姓名）合作。

是否可以从玛丽·卡特兰的 16/17 秋冬季服装系列中租借样衣呢？

所需的搭配（从 vogue.co.uk 中截取的搭配号）：
第 9 套搭配，连衣裙与鞋
（图）

第 14 套搭配，连衣裙
（图）

第 24 套搭配，印花连衣裙
（图）
　　（造型师姓名）会于 7 月 24 日归还所有样衣。
　　请于 7 月 20 日下午 3 点之前将所有的样衣递送给（公司名称）的（造型师姓名）。

（公司名称）
（地址）
（电话号码）
（公司对接人姓名）

期待您的回复。

祝好！

（造型师姓名）
（手机号码）
（电子邮箱）
（网址）

收到样衣

==

✖ 收到样衣后，所有单品都会装在袋子中，袋中应包含一张明细单，将公关借出的每件单品都详细列于其上。

✖ 将样衣与列表上的内容逐一对应。

✖ 如果袋中没有明细单，写一个纸条，记下收到了多少件单品，再致电公关，告诉他们没有明细单，以及你计算过的单品的数量，请公关将明细单通过电子邮件发给你。现在的一些公关为了节省纸张，会通过邮件发送明细单，所以一定要先查查你的收件箱。

✖ 如果明细单上列的单品并不在袋中，尽快致电公关，你可不想要为他人的错误买单。如果这时是非工作时间，且少了单品，那么立即通过邮件告知公关，确保他们知情。电子邮件会记录单品丢失时的时间和日期。

✖ 如果袋中有列表中未列的单品，通知公关，在明细单上做记录，确保这一件单品和其他样衣同时归还。这是礼貌且正确的做法。

✖ 小心对待衣服。

✖ 复印每一份明细单，你可以留一份备份；原件最后会夹在样衣袋中归还给公关。

==

归还样衣

==

✖ 核对所有明细单。

✖ 将所有衣服分别整理放入正确的袋中。若将样衣发给错误的公关，则会事倍功半，并且很难找到究竟错寄给了谁。

✖ 在将样衣放入相应的袋中时，划掉明细单上的条目——这是一个耗时的过程，但却十分关键，特别是当你有至少 20 件到 40 件样衣分别要装入 11 个不同的公关袋中时，这个工作容易变得混乱。

✖ 将明细单原件放入原先对应的袋中，并将袋子贴好，以防里边的东西掉出来。

✖ 你可以自制 A6 或 A5 大小的手写标签，将标签固定在所有的袋子上，也可以在拍摄前一日将所有的标签打印出来——这一步为整理归还袋时节省了很多时间。

✖ 在标签上写上正确的姓名、地址和电话号码。我会使用样衣寄送来时的原装袋子，只要它们的品相还好。

✖ 如果你一共有 3 个袋子要还给公关，那么就请标注上 1/2/3，共 3 个。这样快递方就知道有多少个要归还的袋子了；公关也就清楚你寄回了多少个袋子了。

✖ 为快递公司单独准备一个列表，列上所有归还的单品，公关的名称、地址和电话号码，并说明归还给不同公司的各有几个袋子。复印这个列表，以防在运送过程中发生丢失。列表应如实反映归还袋中的内容。

==

思米·科弗（Siim Kohv），
公关与市场总监

在借东西给造型师时要考虑的关键问题是什么？

这是这项工作中最难的部分。有一位你认识多年的、逐渐成为好朋友的造型师，然后突然间，他被叫去为一份与我的客户不匹配的刊物做一个一次性的工作。对于这样的情况，我们通常会拒绝。并不是每一份刊物都适合每一个客户。作为公关，知晓杂志的读者群体，判断刊物是否与品牌理念相符是我们的职责所在。

寄送和归还样衣应有的礼仪是什么？

因为我们要应对在全世界范围内的大量索求，因此我们会在最后一刻寄出样衣。除非拍摄地在国外，不然我们会在拍摄日前一天寄出样衣，并在拍摄后一天要求拿回样衣。也会遇到样衣寄错、耽误了一个月的情况，因为样衣有可能在寄回的过程中被送到了错误的地址。但如果逾期超过一个月，根据政策我们会让造型师或刊物为丢失或被偷的单品买单。

造型师什么行为最讨厌？

归还品相糟糕的样衣，或者就把样衣胡乱塞进袋子里。我们寄出的所有衣物都是全新的、折叠整齐的，因为这些样衣要被使用五个月之久，每一件衣服都平均要在期间经历 100 次左右的拍摄。

你会给行业内初出茅庐的助理提什么样的建议？

时装远不止是漂亮的衣服。从造型师到公关中的每一个人都要十年如一日地无偿工作或是每日工作 20 个小时，才能成就这个行业。这是一个要拼命的行业。

你们会把衣服借给哪种类型的造型师？为什么？

作为时尚公关，我们的主要目标是让品牌在时装杂志上的编辑内容中出现。这绝对是我们优先考虑的，不过也有例外，如果一线名人明星愿意作为品牌形象大使出现在一些特殊场合，我们也会借给他们。

对于新晋的造型师，如果他们没有杂志的介绍信，只是想要做作品集，你如何决定是否借装给他们？

成为造型师是一个相对漫长的过程，你不可能头一天一拍脑袋，第二天就走进公关公司索要衣服。大多数的造型师都曾为造型师或杂志工作过一段时间，所以他们已经熟悉这个行业了。一旦他们决定单干，我们当然愿意帮助他们推进下去，但我们不可能去帮助一个无名小卒。

试穿

准备

===

✖ 按照每个模特计划的搭配整理服装，打包，上标签，把服装装进衣服袋中。不要带着一堆购物纸袋出现。

✖ 所有的配饰按类放入透明小包装袋中。不要将珠宝挂在衣服袋中的衣架上，以防在运输过程中掉落。

✖ 确保客户提供展示架、衣架、桌子，如果可能的话，在屋里再放一面镜子。如果客户不提供，请自备可折叠的展示架和衣架。

✖ 至少在试穿开始前 30 分钟到达现场，这样你就可以做布置了。没有什么比在客户的注视下做准备更惨的了。

✖ 随手带上情绪板和额外的图片。视觉道具常常有用——人们喜欢它们，因为有时很难用语言去形容穿搭。

✖ 带一台宝丽来相机和足够多的相纸，这样你就可以将你喜欢的搭配立即拍摄下来。

✖ 如果服装需要修改，带一名会缝纫的助理和一台缝纫机。这样一来，所有买入的单品当场就可以做改动，而不用之后再带走做修改。

✖ 带一个笔记本、一支笔和一台计算器可以随时掌握预算。

✖ 带上你的工具箱。

===

　　试穿现场，随时用手机拍照记录。图片会立刻告诉你搭配是否可行，也可能让你发现之前未留意的地方：比如在闪光灯的照射下，模特穿着的一条黑色连衣裙或许是半透的，这是肉眼平时看不到的。对于所有较为透明的衣物都要小心谨慎。拍摄要覆盖所有的地方、所有的角度、各种姿态。拍照还有助于选择配饰。

　　我总是会建议带上一台宝丽来相机，因为在试装时，它总是最快最便捷的记录方式。现在我们的手机拍照质量和上传速度都不错，但在试穿现场，你不想要回到办公室把图片邮件传到电脑里再将图片打印出来才能同时看到所有的搭配。当有宝丽来时，你可以立刻就看到图像，并且可以一边进行试穿一边对比搭配。

　　在为电视台工作时，或许应该用摄像的方式记录穿搭效果，因为电视台灯光会暴露出数不尽的缺陷，高分辨率还会让一个人显胖，同时还暴露微小的皮肤瑕疵。如果人物对象需接受采访，检查服装在坐姿时的样子。查明布景的背景色——别让服装的颜色与背景色混淆。

携带装有服装搭配的服装袋
到达试穿现场前，确保你已
完全准备好。

拍摄

前一天

===

✖ 确认收到公关寄出的所有包裹；若没有，确保公关会第一时间将样衣送到拍摄
现场。

✖ 若为杂志拍摄，确保公关寄来的所有衣服都已登记，并在明细单上标注确认。复
印所有的明细单，统一保管。

✖ 确保你准备好了所有需要的搭配。

✖ 把衣服整理成一套套完整的搭配。以防万一，带上额外的样衣。

✖ 将所有的服装装在服装袋中。

✖ 整理你的工具箱。

✖ 如果是外拍，请准备好所有需要的工具，比如熨斗、熨衣板、蒸汽熨斗、衣架和
服装展示架。

✖ 打印通告单和要去的地方的地图。

✖ 预约出租车——最好是一辆小面包车。如果是自驾，确保拍摄地和影棚有停车位。

✖ 将每一张明细单及其复印件，还有原装纸袋都带到现场。如果拍摄提前结束，你
可以在当天现场整理要归还的衣物。如果你快速地归还了样衣，公关便很有可能
再次帮助你，因为他们知道你行动高效。

===

小贴士

不要将任何衣服、贵重物品留在车内。就算你丢失
了价值一千英镑的物品，基本车险也最多只赔付一百
英镑。

拍摄现场

===

✖ 将所有的服装搭配挂在展示架上。

✖ 蒸汽熨烫所有的衣服。

✖ 分类整理所有的配饰，如果在桌子上铺一块白布，你就能更清晰地看到所有配饰。

✖ 在模特进行化妆和发型造型前，让她先试穿几套衣服，让团队看看模特和撕页，
这样每个人都会对模特的穿着有一个清晰的概念。这样一来，妆发造型师就能知
道如何将妆容与服装联系到一起了。

✖ 吃饭。你需要能量，这将会是漫长的一日。

✖ 你需要全天在场，随时准备调整服装、熨烫服饰上的丑陋褶皱，隐藏所有能看到的商标。指出哪里需要调整不是摄影师也不是客户的工作。

✖ 记录哪些穿着的衣服是需要标注品牌信息的，同时跟踪预算成本。

===

结束拍摄

===

✖ 确保将所有带来的东西都打包好了，哪怕丢掉一件样衣也是代价很高的。

✖ 保持现场干净整洁。

✖ 准时离开——对于租来的影棚，超时费是很贵的。

===

> **小贴士**
>
> 　　不要剪掉任何从公关处借来的样衣的商标，尽可能地将它们藏起来。用双面胶将水洗标卷起来藏入接缝。别忘了在事后把胶带揭下来。拍摄时摘掉公关的贴纸，拍摄结束后再贴回去——公关需要这些贴纸和上面的相关信息。

品牌信息

　　时装拍摄的目的在于推广产品。因此，正确地记录使用的单品和样衣是核心要务，这样设计师的工作才能得到认可。而这是通过附加品牌信息来实现的，品牌信息同相关的照片一起发布，通常包括两类，一类是服装品牌信息，一类是创作人员信息。

　　在拍摄过程中，你需要记录模特在每一张照片中所穿的所有细节。为模特拍一张全身正面照能够帮助你在拍摄后期补全品牌信息。比如，如果你认不出拍摄时模特戴的、由摄影师提供的一枚戒指，你可以轻而易举地用自己的图片、记录和公关明细单来交叉对照，从而确认其设计师。

　　服装品牌信息排在图片的同一页上，描述模特穿着的样衣、样衣的设计师以及购买信息。不同的杂志会包含不同组合的品牌细节，例如服装的描述、面料、品牌和价格，所以确保你提前了解杂志所需的品牌信息。尽可能多地收集这些信息，不怕一万，就怕万一。零售店铺的电话号码通常在杂志后页列出。

为了确认所有的品牌信息都准确无误，在拍摄时做详细的记录是很重要的。

对于那些已无处可买的单品，通常会标注上"造型师私服"（之前称为"模特私服"）。这其中或许包含造型师手作的、工具箱中找出的、市场上买到的或者从朋友那里借来的单品。

创作人员信息会标出参与拍摄的人员姓名，还有他们所在的公司以及其余的信息，例如：

摄影师：特里·范·德·赫斯特（Terri Van De Hurst）@ 全顺（Transit）

模特：阿奴诗卡·克劳斯（Anoushka Kloss）@ 暴风模特（Storm Models）

造型师：丹妮尔·格里菲斯（Danielle Griffiths）@ 特里曼杜卡（Terri Manduca）

化妆师：索尼娅·戴维尼（Sonia Deveney）@ 一代表（One Represents），使用兰蔻产品（Lancôme）

发型师：沃什·卡尔佩塔（Vas Karpetas）@ 比利和波（Billy & Bo），使用卡诗产品（Kerastase）

作为造型师，你会将你使用的产品以品牌信息的方式标注出，但妆发造型师会做更详尽的记录。借助标注的产品品牌，他们可以从兰蔻和卡诗处拿到更多的产品以作为推广的回报。发型师通常还会标出他们日常工作的发廊名称，借此来做推广。

小贴士

一而再、再而三地检查所有的姓名拼写和价格。你绝不能在产品信息中出错。

第三章　人行办法

在为本书做采访的过程中，我发现很多造型师都来自不同的专业和教育背景，有些人来自时尚领域之外。这一章包含了成为职业时装造型师的各种途径，讲述哪些资质能够助你成功，如何拿到实习或见习机会，在要晋升为助理之时如何完善个人履历。

资质与课程

造型世界的竞争是十分激烈的。如果造型工作顺利，那么很好；但如果不顺利，你就需要额外的帮助了。在放弃一切去当一个造型师之前，你应当先完成学业。然而，如果你的理想职业就是时装造型师，那么你应先在相关专业夯实基础，在学院或综合大学中学习相关的课程。学校提供了大量关于时装和时装造型的课程，还可以学习关于时装和纺织品设计的实用技巧。学习如何剪裁、制作、缝纫衣服，学习素描和插画，培养在文化和艺术领域的强烈兴趣，这些都是成就一名时装造型师的核心技巧，再加上不可动摇的个人动力和自信作为辅助，很快你就能开始打造你的个人造型品牌了。

并不是所有的时装造型师都有高等教育学位，但那会是一个好的起点。如果你选择了这条路，那么你最好修读覆盖该领域的所有课程，并在力所能及的范围内尽可能地多学不同的技巧。在英国，你可以选择读艺术学士（BA）、国家高级文凭（HND）、国家文凭（BTEC National Diploma）或者类似的学位。时装学位属于职业文凭，通常包含了作为职业造型师十分实用的课程模块，比如时装/艺术史、设计、制版、服装制作、商业研究、研究方法和批判性研究。时装传播或时装营销这样的专业也可以作为相关的职业起点。

有不少的私立学院都开设了关于时装造型的专项课程，如果你不能拿到一个全职的综合大学学位或学院文凭，那么这些课程也能提供一个好的基础。书后的参考资料将列出相关课程设置的综合列表。

山姆·威尔金森身穿皮埃尔·嘉露蒂（Pierre Garroudi）的连衣裙，鞋子来自克莱尔·戴维斯（Claire Davis）为拉法埃蒂·阿西翁（Raffaele Ascione）设计的鞋履系列，配戴米莉·施怀雅（Milly Swire）珠宝，造型师丹妮尔·格里菲斯，摄影师萨拉·路易斯·约翰逊，《康珀尼》杂志。

见习与实习

除了修读时装课程外，进入时尚造型行业最可靠的突破点是去做见习和实习。见习是一个体验式的过程，通常时长为一周到一个月。它是不带薪的，虽然有可能报销差旅费。实习就要长一些了——通常都要一到六个月，或者更多——也要承担更多的职责，可能会拿到最低工资。这样的工作实习经历常会助你收获作为造型师助理的第一份工作。如果你能证明你在实习或见习经历中获得了经验，并已学到了造型的基础知识，那么自由时装造型师则更可能会给你提供造型师助理的工作机会。

拿到实习或见习机会非常困难，因为它通常都要求你在合适的时间和合适的地点出现。在申请这些工作机会时，你需要意志坚定且信心满满，因为竞争会很激烈，你将会面对一些强有力的竞争者。

经济收入至关重要，无论来源是存款，还是家庭支持，还是兼职，因为在实习或见习期间，你可能拿不到多少酬劳。为了保障实习时的开支，你需做好晚上做兼职的准备，比如在旅馆、酒吧或夜店，做一份不会影响到白天工作的兼职。在夜店工作可以帮助你了解在夜店场合下的时装趋势，你还可能拿到非常棒的人脉。

如果你在经济上不成问题了，之后就要尝试在不同的造型角色中获取经验。做功课，搞清楚你真正想要的见习或实习的种类（第 194 页的资料部分列举了各类刊物的见习和实习的详尽招聘信息）。对行业的理解越深入，对自己的目标越清晰，他人就会越严肃地对待你。如果可以，找一个如《VOGUE 服饰与美容》或《时尚芭莎》这样的高端杂志去实习。要想要更先锋的，就试试《i-D》杂志或《爱情》（Love）杂志，在这里你还是有机会可以与顶尖的造型师共事，使用高端时尚产品。试试节奏更快的实习工作，例如报纸和周末刊，或像《红秀 Grazia》杂志这样的时尚周刊。这类的工作实习经验是值得付出的。心仪的工作环境可以向你展示职业造型师是如何工作的。

至关重要的是，不要把你的工作实习太理想化：尽量去脚踏实地，你极有可能会在一个没有窗户、写字台甚至座椅的样衣间（fashion cupboard）里度过整个实习阶段。一些杂志通常会聘用一个工期为半年的实习生，同时再招另外两个工期为一周或一个月的实习生。这样一来，杂志永远都有一个实习生在管理样衣间，还可以对那些做见习的实习生进行指导。

设计师服装会每天一次地寄送到杂志社：你需要签收并寄送用于拍摄的样衣。犯错误的成本很高，因为你经手的服装常常价值高达成千上万英镑。对于不清楚的事情不要害怕发问，如果还是不懂，那就再问。如果足够走运，你或许还能去看拍摄甚至是走秀。在过程中的所学所得将是无价的，机不可失。

作为实习生，大多时间都会在样衣间中。这需要你尽可能将一个拥挤的空间变得井井有条。

见习、实习是绝佳的学习机会：

==

✖ 了解时尚品牌。

✖ 看样衣实物和细节。

✖ 了解公关公司以及公关与造型师之间的关系。

✖ 建立对某一设计师或公关的角色定位的认识。

✖ 学习时装风格如何与你的某件工作任务产生相关性。

✖ 了解拍摄的整个过程，从准备到成片。

✖ 学习如何搭配服装。

在杂志社进行见习使得你有机会接触拍摄工作的幕后。

✖ 学习为制作会议准备情绪板。

✖ 研究杂志运行的模式。

✖ 观看造型师工作，发现他们工作方式的差异。

✖ 询问造型师、编辑、创意总监等人的建议，问他们对于你在时尚圈下一步的选择有什么看法。

✖ 出席制作会议。

✖ 了解工作机会以及你或许能够得到工作的机会。例如，如果你有杂志社的邮件地址，那么你就会收到相关出版公司发布的招聘启事的内部邮件。

✖ 参加或者参与制作时尚秀。

✖ 结交顶尖摄影师、造型师、妆发造型师、设计师和他们的助理。助理十分重要，因为你可以依靠助理摄影师、妆发助理建立一个圈子，再借助他们来帮你进行试拍（见第六章），这是完成你作品集的必要环节。一旦你开始了见习、实习或助理的工作，将你的联系人存入手机或联络簿。如果你干得不错，人们会注意到你并向其他正在找助理的人推荐你，你就有可能被留下来带薪工作了。

寻找见习或实习机会应该找谁？

在杂志网站上找到公司的电话号码，或者打电话给他们，要求对方提供相应员工的电邮地址（对方将自行决定是否提供给你），或查看杂志的刊头。将简历寄给杂志的助理或网站上标注的那个人，同时附上说明信，务必确保在简历和说明信中的姓名拼写无误。几天后的电话跟踪是至关重要的，电话内容很简单，就说："你好，我的名字是某某，我几天前将简历寄出了，想确认您是否阅悉"，这通电话体现了你对这份工作的热诚，你更有可能给对方留下不错的印象。我收到了许多想要为我工作的学生的履历，但最后成功的只有那些后续电话跟踪了的人。

想想要不要手写说明信：某顶尖杂志的时尚总监只接收手写的见习或实习信件。绝不要给时尚总监或编辑发短信询问实习机会。整个时尚行业就是建立在良好的公共关系上，因此需要通过跟进发出的东西，展示常识和良好的社会礼仪，从而将你的个人公关能力提升至良好的标准。

申请时尚杂志实习的最佳时机是？

每个杂志社的实习都不一样。一些实习职位是有截止日期的。对于多数大学或学院学生而言，暑期是最合适的，但时尚行业是按季运行的，为了占据优势，九月、十月（春夏季）以及二月、三月（秋冬季）——刚刚举办完时装走秀——或许是见习和实习的最佳时机。十一月、十二月（春夏季）以及五月、六月（秋冬季）是开始为新时装季宣传的媒体日期间，这时也是做实习的好时机。为了抓住机会，确保提前 3 至 6 个月申请。如果你只有特定某几周时间有空，务必让对方知悉你确切的档期，所有这些都有用。

对于学生简历你有什么建议?

拼写准确——我曾经只是因为在一处拼写出错,就没有拿到一份工作。当追踪这个职位空缺时,我询问反馈,他们回答说"你的履历很好,但有太多人应聘这份工作了,你因为一个拼写错误丢掉了这个机会"。

作为实习生则有机会了解时装秀后台的情况。

推特、网站和布告栏

见习和实习机会现在每日都会在推特上推送。关注所有的、你想去实习的或感兴趣的杂志账号,你或许就能碰巧看到职位空缺:

✖ 英国时装实习生 – @UKFashionintern

✖ 启迪实习生 – @inspiringintern

✖ 富勒履历有限公司 – @TheFullerCV

✖ 康泰纳仕 – @CondeNastJobsUK

✖ 伦敦时装周官网 – Londonfashionweek.co.uk

一些大学网站和学院的布告栏会发布时装周工作机会和其他实习和见习的机会。致电公关,申请在走秀期间担当穿衣工,或者向公关申请一个短期实习机会。

向造型师申请实习和见习机会

写说明信时,找到你想要做助手的时尚编辑或时装造型师的名字,写信建议用他 / 她的个人称呼比如"亲爱的丹妮尔",而不是"敬启者"。不要用一封邮件群发给不同的造型师,请分别发送。

重要的是,指出你已知的关于时装造型的知识,是否做过任何短期实习,是否有与时尚相关的经验,以及有空的档期。你需要让对方知道你能做的事情。

尽量将简历的长度控制在一页之内。造型师不会有太多时间阅读简历和说明信。我通常只会看说明信，看看申请者是否有相关经验，是否会开车，而不需要知道她们是否被评为银质服务员或者修过 A-level 艺术课程。如果你认为需要将这些内容包括在内，那么将它们放在较后的地方。我想知道与招募的工作相关的内容，所以尽量简洁且一针见血。

确保拼写无误，简历或说明信中哪怕是最细枝末节的错误，也可以让繁重的筛选工作变得简单许多。助理会代表造型师写信，如果你没有对基本语法的良好把握，那便不是个好兆头了。

这里是一份我在网上找到的引人注目的履历。席琳·卡瓦列罗（Celine Caillero）正在排队准备复印她将要寄出的简历，这时她意识到，前面的三四个姑娘都拿着差不多的东西。这使她开始思索要做些使自己脱颖而出的东西。她想到了一个主意，让履历的页面看起来像时尚网（Vogue.com）。在一个叫作www.celineislookingforafashionjob.com 的网站上，她写明在寻求实习机会，她的形象出现了在所有的拍摄，包括时装拍摄、广告拍摄中，模仿得像模像样。履历大获成功，她借此获得了许多工作机会。这个网站现在已经关闭了，下方截图是它网站主页的样子。

晋升为助理

在做见习或长期实习时，你可以开始调查你想要为其工作的造型师的信息。杂志是最好的出发点：如果你喜欢杂志中的一组照片，那就看看它的创作人员信息——谁是造型师、摄影师、妆发造型师和模特？在谷歌中搜搜这些名

席琳·卡瓦列罗的网上履历，模仿了 Vogue.com 的样子，让她在所有的实习生候选人中脱颖而出。

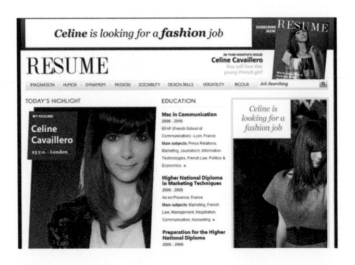

造型师丹妮尔·格尔菲斯正在为下一个拍摄调整模特穿搭。地上的呼啦圈和一块帘布组成了一个临时的更衣室。

字，尽可能地找到更多信息，看看他们是否有个人网站或博客，如果他们有，就直接联系他们，或给他们的经纪公司打电话，表达为他们工作的意愿。如果他们没有网站，那就给杂志打电话，礼貌地询问造型师的详细联系方式——如果对方不提供电话号码，那就索取一个邮件地址。如果对方也不提供邮件地址，可以大胆推测，有时邮件地址的规律很明显，比如姓名的拼写 @ 杂志社的官网后缀（firstname.lastname@condenast.co.uk）。

在发送简历之前，将造型师或时尚编辑约出来见见，这种方式有时可以在申请助理工作时插队。作为一个自由造型师，对于联系我的、想当我助理的人，我想要知道他们是否能开车、有没有车以及他们是否住在伦敦。我想知道他们对我而言的用途有多大：在过去的经历中他们学到了什么技巧？他们是否知道借衣是什么？他们是否知道某个客户的公关是谁？我想知道他们对这个行业的了解程度。

申请造型师的助理工作

申请当助理和申请实习很不一样。网上有很多教你写基本简历的技巧，但接下来的几页包含了两个例子，其中包含着寻找助手工作中你所需的重要信息。

对页上的简历（和下方的说明信）抓住了我的眼球。它两栏的排版方式很好看，几乎就像是杂志的格式了。申请人不仅仅考虑到了简历的内容，还想到了风格。她的说明信也不错，带着一种自信和成熟的态度。从她的职业和工作经历看，她似乎对时装造型有着不错的认识，并且知道她想要前进的方向。

亲爱的丹妮尔：

您好！

我现在是德比大学的一名大四学生，我的本科专业是时尚研究。

我过去一年的时间在伦敦、巴黎和纽约实习。

而我过去工作的角色是各种各样的，有桑德拉·罗德斯（Zandra Rhodes）的印刷品设计助理，有罗兰·穆雷和J·林德伯格（Roland Mouret & J Lindeberg）的公关助理，还有时装调查（Fashionsnoops）的潮流研究员。借助着这些五花八门的角色，我得以挖掘我的热情所在，也就是活动组织、造型和为拍摄或活动做准备工作。

我现在要为下一步做打算，我将于六月毕业，希望找到一份工作。我引以为豪的优点包括十分高效和井井有条，并且志在必得。我是有创意的，对细节很敏锐，极度仔细且勤奋。我热爱时尚，对潮流的发展和变换的品味感兴趣，所以志在当一名造型师。若有幸，我想在接下来与您共事，协助您的时装造型事业。

我二月十九日星期五会在伦敦，这之后四月也会在，在此期间我想见您一面，探讨相关职位的事宜，不知您是否有空？

感谢您的时间和考虑。附件是我的简历。

您真诚的，

姓名

地址
邮件地址
· 手机

关于我

我刚刚拿到了我的专业实习文凭，其中包含超过一年的实习时间。在做公关、设计和潮流预测工作期间，我去了伦敦、巴黎和纽约。我现在回到了德比大学来完成我的时尚研究专业的本科学位。

我有动力、热情且创意十足，我对我在时尚行业中的未来有很高的期待和志向。带着这份对时尚行业无尽的热爱，我最大的灵感来自于詹弗兰科·费雷（Gianfranco Ferrè）、安东尼奥·贝拉尔迪（Antonio Berardi）和罗兰·穆雷（Roland Mouret）。

我喜欢了解新人、新地方和新文化。我于 2013 年在芬兰的海门林纳的海门大学待了一学期，而我刚刚结束在纽约的工作和生活。

我很清楚我周遭发生了什么，并且持续关注着最近的潮流、最新的设计师和最别出心裁的想法。我的主要才能之一是组织和安排。电脑设计也是我的另一项热情所在，因为我喜欢使用 Photoshop、InDesign 和 Illustrator。

教育

时尚研究学士（荣誉学位）： （至今）
德比大学　　　　　　　　　　2011 年 9 月—2015 年 6 月

5 项 A-Level 课程，11 门课程 GCSE 证书
布罗姆福兹学校，威克福德，艾塞克斯
2005 年 9 月—2011 年 7 月

A-Level 课程 成绩

纺织品：B
英语语言和文学：C
信息通讯技术：B
综合研究：C
媒介研究：D
GCSE 成绩：A-C

实习经历

另类时装周，伦敦（现在）
　　我被大学选作学生代表去另类时装周组织我们参与的部分。

威斯特菲尔德中心，德比（2012 年 9 月）
　　我协助安排了一个造型兼潮流活动，包括与店铺、媒体和公众沟通。

伦敦时装周（2011 年 2 月）
　　前台：2011 年至 2012 年秋冬走秀。

德比毕业走秀，德比（2010 年 6 月）
　　前台

工作经历

时装调查，潮流网站，纽约（2014 年 7 月—9 月）
　　走秀编辑助理（带薪兼职）
　　在完成了一次实习后，我得到了一份帮助编辑照片、撰写报告同时提炼关键词并审阅图片的兼职工作。

时装调查，潮流网站，纽约（2014 年 4 月—6 月）
　　潮流分析师和走秀编辑助理（实习）
　　我主要的工作包括编辑、审阅图片和提炼图片关键词，同时还协助创意总监，制作拼贴图，以及为配饰编辑撰写潮流报告。

零＋玛丽亚·科尔内霍，纽约（2014 年 1 月—3 月）
　　公关助理（实习）
　　我直接协助公关经理，帮助他运营公关部。我主要的职责包括发送和收集样衣，组织 14/15 秋冬的走秀，我制定了座位表，整理了宾客名单和邀请信。

19RM（罗兰·穆雷），伦敦（2013 年 4 月—7 月）
　　工作室助理
　　我协助设计师私人助理和工作室经理进行工作室的运作。其中包括组织 2013 秋冬巴黎成衣系列走秀和编辑走秀图片，帮助制作图片手册，和伦敦、巴黎两地的公关代表一起寄送样衣。

尼古拉·德·迈因，伦敦（2013 年 4 月—8 月）
　　兼职设计师助理
　　我直接和设计总监对接，共同进行研究、设计并开发 2014 春夏服装系列。

J·林德堡，伦敦（2013 年 3 月—4 月）
　　样品间和公关助理
　　我协助公关经理，给杂志寄送样衣，同时帮助撰写新闻稿件。协助组织安排媒体日事宜，与造型师和编辑单独会面。

桑德拉·罗德斯，伦敦（2013 年 3 月：兼职）
　　时装设计师的纺织品与工作室助理
　　很荣幸能与设计师直接对接，参与 2013 春夏服装系列的设计并研发印花。

ELLE4LISA，时装商店，伦敦（2012 年 6 月）
　　主设计师的工作室助理
　　直接协助创意总监的工作，参与设计、制作和购买的所有环节。我参与了两组杂志照片摄影工作，其中包括艺术总监的角色。

如有需要可以提供推荐人资料

以下第二份简历直击要点，浓缩于一页，简洁明了。很多时候，这就是你所需要的——一个能立刻拉过来干活的人。

亲爱的丹妮尔：

　　你好！

　　我刚刚取得琳姆波茨设计学院的图像与时装造型专业证书，我现在正在寻找一个时装造型助理的职位，以获得一些经验。我在想，我是不是可以协助你完成项目？附件是我的简历，期待你的回复。

您真诚的，

姓名

照片

地址：
出生年月：
国籍：
电话：
电子邮箱：

教育背景

2013 年，时装媒体造型
伦敦时装学院
2011 年—2012 年，图像与时装造型
设计学院（琳姆波茨）
2009 年—2010 年，国际市场
伦敦国王学院

工作经历

2014 年（10 月），《每日快报》
在时装部工作。
2014 年（9 月—10 月），造型师助理
协助莫莉小姐进行照片拍摄。
2014 年（2 月—7 月），奥斯佳，伦敦
协助日常运营的各种事务，从销售到库藏管理，到店内和橱窗展示。

时装技能

对色彩的良好认知
分层搭配技能
旧衣改造
时装史

个人技能

勤奋
正能量
有上进心
非常值得信赖

拓展技能

强大的打字技巧
井井有条
善于沟通
独具匠心

兴趣

读书、散步、购物和音乐剧

介绍信

按需提供

在百货商店工作是一个偶遇造型师并和他们建立联系的绝佳机会。

其他入行方式

并不是所有的年轻人都能够付得起大学或者学院学费，也不是所有人都能满足选修特定课程的条件。如果这是你，千万别放弃——时装造型有其他的入行办法。威廉·贝克（William Baker）是在薇薇安·韦斯特伍德（Vivienne Westwood）的伦敦旗舰店里遇到的凯莉·米洛格（Kylie Minogue）。被他提出的造型建议打动后，凯莉同意和他喝咖啡，最后聘请他当她的造型师。

在百货商店的购物区或商店、精品店工作能够让你对不同的品牌有基本的了解——无论是高端还是高街，还是不同季度的时装系列，这类工作也能使你熟练地处理服装，查看商店的运营模式。它也是一个和时装造型师会面和共事的机会，时装造型师常常会去百货商店，特别是在准备拍摄期间。在英国，造型师可以预定一个房间，在商店四处浏览挑选衣服，再将购物区的衣服汇集到私人购物房间，在这里他们可以挑出实际要用的服装。大多的百货商场都提供买手服务（在洛杉矶，由于电影产业的缘故，许多小一点的设计师精品店也提供买手服务）。

此外，你还可以尝试在精品店的公关部工作，或者为线上时装零售商工作。造型师经常会为了拍摄样衣造访精品店和网店，特别是如果他们在为一本周刊工作或是身为一名音乐造型师，因为他们所需的服装必须是时下的，而且在店内有货的。

厄休拉·莱克（Ursula Lake），
时装总监、艺术总监兼品牌顾问，
泳装品牌紫罗兰湖（Violet Lake）创始人兼设计师

前《Stella》杂志（《星期日电讯报》）时装编辑

www.ursulalake.com

你如何定义造型师？

将衣服拿来，以别出心裁、妙趣横生且出乎意料的方式使用它们。

你是怎么拿到第一个工作机会的？

我当时主要在《ES》杂志工作，做我前老板的助理。当我决定要当自由造型师时，我继续为杂志干零工，他们给了我第一个内容编辑机会，后来文章也被发表了。

与《Stella》杂志的合作机会是怎么得到的？

在《ES》杂志的时候，我认识了《伦敦标准晚报》（Evening Standard）的时装编辑查莉·哈灵顿（Charlie Harrington）和他的助理露西（Lucy），因为总是要给他们的办公室寄送东西等等。一次 Mulberry 品牌的媒体日，室内只有我和查莉，她提到，她们的时装编辑和造型师要离职，她们正在寻找替代人选。我竖起了耳朵，虽然我从未问起她，但我时常怀疑她说得如此大声，是因为我在屋里，并且她希望我去申请。于是我照做了，在之后给她发了封邮件，一同竞争的还有三到四名造型师，而我得到了职位。

你一年为《Stella》杂志打造多少故事？

我一年做 20 个故事，至于在余下的时间做什么，基本就取决于我自己了。在纽约为《Stella》杂志拍摄时，我可以同时参与另一本刊物的拍摄，并融入更多的创意。对于杂志拍摄来说，资金不理想是常见的情况，但将这些拍摄挤在一趟行程中，可以让拍摄更上一层楼，也可以为我节省时间，因为很显然，我在杂志拍摄中花费的时间越少，留给其他的时间就越多，也就可以挣更多的钱。

你希望你的助理做什么？

在拍摄中，我的助理是至关重要的，因为我的工作量太大。在之前，我倾向于不请帮手，我自己订机票、酒店、出租车，以及担心所有的物流问题。早晨我自己去塞恩斯伯里（Sainsbury's）买牛角面包还要处理其他事情，所以我特别需要我的助理全权承担这些工作，这样我就可以完全不再考虑这些琐事了。

你给想要入行的人们的最佳建议是什么呢？

降低你的期望值，因为这个行业并非你想象中的那么光鲜亮丽。它有鲜亮到荒唐的时刻，这时你是性感和漂亮的，太阳照着，模特看起来棒极了，一切都像电影一样，但更可能的情况是你已经持续工作了数小时，在外景拍摄，拖着 20 个箱子，你疲劳、寒冷并饥肠辘辘。

模特约瑟芬·罗德曼斯（上）和模特凯尔·玛姬（下），由厄休拉·莱克造型，格雷格·索伦森为《永不赤裸》（Never Undressed）杂志拍摄。

第四章　助理

造型师助理的工作是帮助造型师发光。工作本身并没有看起来那么光鲜，工作时间也很漫长，但你能学到很多。仅是观察他人就能学到这行的许多小技巧——掌握特定情况的处理方法，进行自我管理，以及寻找某些单品的渠道。通过勤奋努力、提高效率以及井然有序地工作，你能够学习如何造型、如何专业地与客户和其他人对接。

踏入门槛

在寻找一份造型师助理的工作时，重要的是，你需要明白你将要承担一系列的工作任务：协助做研究和做准备、收集样衣、处理明细单、退还样衣、缝纫、蒸熨、洗衣、烘干、贴胶带或包装，当然还有冲调味道奇特的咖啡。你时常需要在市区东奔西跑，寻找不知名的单品，同时不忘随机应变。你需要面对现实，认清这份工作需要艰辛且长时间的付出。

在担当造型师或自由造型师的助理前，最好先在杂志社做一份短期见习或长期实习工作（见第三章）。自由造型师不能保证提供定期的工作，他们更倾向于雇佣一名带薪助理，而非提供无偿的实习机会——这样的职位很短缺，通常没有多少时间来训练对于造型基础一无所知的人。

当你协助一名自由造型师工作时，最主要的优势就是工作的多样性——从杂志到音乐，到广告，甚至短片和电视。造型师会因为同行造型师或代理的推荐而采用一名助理。一个几乎没有经验的助理可以先无偿为造型师工作一周，若不错，则可转为带薪助理。

在当自由造型师时，你需要随叫随到。工作时间会很长，从一大早开始，到很晚收工，有时还要工作到次日凌晨。无论是杂志造型师还是自由造型师，无论是短期实习或全职工作，它们的时长都不一样，工作漫长、辛苦但却有趣。不要总是想着能够找到带薪的工作，但你的开销应该被报销。第九章中提供了自由造型师助理的薪资参考标准。

山姆·威尔金森身穿针织泳衣（造型师私服），头戴史蒂芬·琼斯（Stephen Jones）与伊萨（Issa）联名的帽子，以及米莉·施怀雅的珠宝。造型师丹妮尔·格尔菲斯，摄影萨拉·路易斯·约翰逊，《康珀尼》杂志。

试拍

　　为了面见造型师并吸引未来给你提供工作的客户，你需要准备一本图片作品集。试拍能够帮你获取在实际工作中和杂志拍摄中所需的经验。

　　试拍是所有成员都为了获取经验而无偿参与的照片拍摄。它使你与不同的摄影师、妆发造型师和模特团队共事，在一个互助的环境中犯错误并从错误中吸取教训。与其他行业的助理合作试拍尤为难得，因为所有人都是刚起步，他们会成为你此后的造型生涯中的同事。第六章中详细探讨了试拍的事宜。

找个导师

　　寻找一个能够在造型领域中提供建议和指导的导师至关重要。试着找到一个你想开口问他问题的人——他可以是个代理、自由造型师、杂志编辑或任何人。对于我来说，这个人是我第一个老板的代理人，他是一个非常严格的人，但了解行业背后的门道。当你开始做自由造型师时，你真的只有靠自己了，你也必须为自己打拼了——这就是为什么你需要一些自己人。

　　如果你的导师是一名造型师，一旦关系近了，你可以问问他是否可以跟踪观察他一周的拍摄工作。在拍摄中你要保持谨慎和尊重的态度，如果可以，主动帮忙。这时你可以通过观察和在恰当时机的提问来学习了。

与中意的造型师共事

　　在做完调查并确定想要跟随其工作的造型师后，第一步是查看时尚人名录，如果对方有代理的话，那么联系他们的代理，请后者提供帮助。造型师一般会有经纪人，给他们打电话，解释来意，索要电子邮箱，发送你的简历和说明信，抄送该造型师。锲而不舍、不断打电话（但要掌握正确频率，不要天天打骚扰电话）。你应表现得迫切，表明你想要与该造型师共事。研究这位造型师的作品，在和他对话时透露你对他的了解。

　　拿到助理工作后，尽可能地努力工作，这样一来，造型师就能向他的中介推荐你了。随着名声的建立，固定的工作就会源源而来了。不断尝试与不同的两到三个造型师共事，这样能拓宽你工作的领域。

　　我起步时，曾与一名英国设计师共事。我协助她的造型师为伦敦时装周做准备，我碰巧听到她说她送走了一个很棒的助理，在寻找一个新人。我鼓起勇气，尽管用了足足三天，我还是开口毛遂自荐了。她说可以，非常好，但我还是等了半年的时间，其间每周我都打电话给她的代理，有时一周打两次，说自己有空，愿意为她工作。有时，需要的仅仅就是坚持不懈。

做助理时，你也应当用私人时间去准备试拍。

79

时装造型师需要你做的

在做造型师助理时，你要积极主动。不会总有人来告诉你应该做什么，所以了解你的工作范畴，可以给你的第一份工作一个好的开始。

走到哪都带上笔和本，这很重要——你每天都需要没完没了写清单。作为造型师助理，应在清单中写明在拍摄时所需的所有东西。我们举个例子：

✖ 一个大的复古英国国旗（大约 5×4 米）

✖ 假发胶带

✖ 斯班克斯（Spanx）塑形内衣

你或许不知道哪里能找到它们，甚至不清楚塑形内衣是什么。如果你不知道或者不知道去哪里找，就问。不要觉得你可以省略一些东西，你需要找到所有的物品，这是你的工作！

你必须要会用电脑，口语和文字沟通都要清晰，因为你需要通过电话和邮件每日联络公关。在打电话前，确保搞清楚造型师、设计师名字的准确发音。

会议和试衣

作为助理，你不太可能会参加太多会议，大多数时候就是和造型师、艺人和客户打交道。当你有机会参会时，倾听、学习、摸清你的造型师要做的工作很必要。但此时不是表达个人看法的时候——那是造型师的工作。

然而，你需要参与大多数的试衣工作。对于音乐客户来说，试衣通常在管理办公室、唱片公司或者客户的家里。试衣时间可能会很漫长，如果你没有经验，就不要发表意见。你在那儿的工作是为艺人穿上衣服，并做必要的调整。你需要缝纫，跟踪预算，为每一身衣服拍宝丽来照片，保持空间整洁有序。

拍照、熨烫和蒸汽熨烫

在拍摄现场，你要快速、高效，每一张照片的所有单品要准备妥当、熨平并用蒸汽熨烫好。你需要在任何时候保持、监管造型区域的秩序。样衣格外昂贵，单品可能会丢，特别是小的贵重单品，所以，时刻保持警觉。

拍摄结束时，你需要将所有的样衣装进原装口袋，把它们还给相应的公关。

对页：
在光鲜的画面背后，一名助理被要求在拍摄时拉着窗帘。

下：
使用弗丽佳（Fridja）蒸汽熨斗。

助理要做的：

===

✖ **尽快摸清门道**：你需要快速搞清楚发生了什么，积极思考，工作主动。不要抱怨整天待在样衣间或者扛着所有需要归还的样衣，这都是学习的过程。保持一个良好、艰苦奋斗的态度，适应力强、坚韧不屈都是你在职业道路上攀升的良好品质。

✖ **做功课**：紧跟时尚领域和更广阔的世界中最顶尖的时尚潮流——去画廊，看电影，看演出，读书，读杂志和报纸，追博客。为你当下的职位做一点功课，有助于你和造型师开始合作。尽可能地了解拍摄的概念和客户的独特风格。当客户与你共处一室，并且你有一个想法的时候，小声地告诉你的造型师，这样他们可以决定是否采用它——不要大声嚷嚷，这样会让大家都很尴尬。

✖ **学习缝纫**：这是调整服装时能用上的特别重要的技能，预算不够时，你需要别出心裁地使用已经用过的服装。作为一项爱好，缝纫已经重新流行，有一大批价格实惠的课程和工坊，可以帮助你提升这项技能。

✖ **拿驾照**：如果作为助理会开车的话，那将锦上添花——我曾拿着我那份儿的样衣走路还给公关，真是个累活！如果有驾照和车，你对于造型师的意义则大幅提升，不管是退还样衣，还是收集样衣，或是开去拍摄地。停车费和油费应包含在你的开销中。

✖ **舒适着装**：这个工作需要整天跑来跑去，搬重物——你绝不会想穿着高跟鞋。大多数造型师在开会或试装时都会穿着正式，但在工作中她们都穿平底鞋或运动鞋。

莫莉小姐（Miss Molly），
时装造型师

www.missmollyrowe.com

你如何定义造型师？

凯蒂·格兰德（Katie Grand）——她的风格独特。她从过去汲取灵感，不会看起来像一个光鲜亮丽的复制品，她兢兢业业。

你对你的助理有什么期望？

我希望我的助理是任劳任怨的，不要抱怨工作时长（加班越来越多，但我们都要完成工作！）按场合合理着装，对时尚有认知，渴望成为一名成功的造型师。

你认为好的助理应具备什么样的品质？

一名好的助理明白这份工作并不全是坐头等舱飞往马尔代夫，而是在伦敦的雨天中跑来跑去，手提无数个口袋，在凌晨3点还在缝纫，5点就又要起床开车到坎威岛，在一个没有暖气的衣帽间一直呆到半夜11点……他们不介意帮你装车、卸车，不介意在私人时间做功课并提出理念。我曾有过这样的人当助理，他们很快就自己当造型师了。

请给助理一些建议？

如果你拿到一个清单，一定要找到上面的所有东西，如果有问题，请打电话给我。我总是在找一个善于解决问题的、不惧发问的、乐于学习的，而非坐立不安的人。

对于有志成为造型师的人，你有什么建议？

我建议攻读一个时装学位——知道衣服是如何做出来的非常重要。如果一件衣服你找不到，你可以自己做出来，这可以使你在一群没有任何经验的竞争者中脱颖而出。

由佐伊·巴克曼拍摄的莫莉小姐。莫莉小姐造型（对页），蒂姆·席德尔（上图）和佐伊·巴克曼（下图）拍摄。

纽约时装周

2016 年 2 月 11 日 – 18 日（2016 秋冬）
2016 年 9 月 8 日 – 15 日（2017 春夏）

伦敦时装周

2016 年 2 月 19 日 – 23 日（2016 秋冬）
2016 年 9 月 16 日 – 20 日（2017 春夏）

米兰时装周

2016 年 2 月 24 日 – 29 日（2016 秋冬）
2016 年 9 月 21 日 – 27 日（2017 春夏）

巴黎时装周

2016 年 3 月 1 日 – 9 日（2016 秋冬）
2016 年 9 月 28 日 – 10 月 5 日（2017 春夏）

第五章　时装行业

在决定进入具体哪个时装造型的领域之前，需要先了解你要从事的这个行业。时尚行业是一个全球性的产业，它创造了大量的收益和就业机会。这一章旨在概述你需要了解的时尚世界及每年时装周、走秀和媒体日的行程安排，它也为时尚潮流和时尚之旅——从走秀到街头，或者相反——提供了深入的见解。

时装季与时装系列

时尚产业主要围绕着季节需求而展开，由此分为春夏和秋冬两季。主要的年度时尚事件有：

✖ 成衣系列：一年两次
✖ 男装系列：一年两次
✖ 度假系列：一年一次
✖ 早秋系列：一年一次
✖ 高级定制系列：一年两次

成衣

服装设计师半年一次地在四大时装周，也就是在纽约、伦敦、米兰和巴黎举行的发布会上展示他们设计的女装系列。所有的时装周前后为期约一个月。

服装系列会在样品进入商店之前提早半年发布，这样全世界的时尚媒体、报刊、博主和零售买手都可以看到设计师的系列和最新的潮流，这之后通过与顶级杂志、博客和名人的合作推广，来增加它们的销量。

除了时装周日程上的各大主流奢侈品牌设计师的发布，也就是"主秀"（On Schedule），还有"主秀外的秀"（Off Schedule）——由私人募资的集团组织举办独立走秀，以展示年轻设计师的作品。这为一部分最先锋的时尚人才提供了展示平台。在这些时装周和活动之外，在全球范围内还有许多时装展示活动，基本上每周都有。

男装通常只在佛罗伦萨、米兰和巴黎独立展示，但在 2012 年，伦敦加入了男装发布的行列，纽约也紧随其后，在 2015 年 7 月的纽约时装周中增加了男装发布。

对页上：
纪梵希（Givenchy）2013 春
夏成衣发布。

对页下：
大卫·科马（David Koma）
2014 秋冬成衣发布。

右：
埃特罗（Etro）2014 春夏男
装发布。

度假和早秋系列

度假和早秋系列要比其他系列更商业化，因为它们原先是为那些可以在寒冷季节跳上飞机去暖和的地方度假或在年初时去滑雪度假村的富裕消费者设计的。

度假系列发布没有固定的日程或地点，但通常都在纽约、伦敦、米兰和巴黎的夏天举行，在春夏和秋冬两季走秀之间，为九月即将到来的春夏走秀预热。早秋系列在十二月或一月展示，为二月的秋冬发布预热。

高级定制

高级定制（Haute couture，是法语中的高级缝纫之意）是设计师为超级富豪制作的独一无二的天价服装。制作的过程中不会用到缝纫机，服装全部都是由最老练的裁缝手工精细缝制的，每一件都耗时上百小时。

传统上，高定展示只在巴黎举行，但近来它们拓展到了新加坡和首尔——近年来，东亚地区的收入增长比任何其他地方都要快。和成衣系列不一样，高定系列是按真正的季节来发布的，比如春夏系列就在年初发布，因为高定不会在商店里卖，它们是为特殊的客户打造的。

拉夫 & 拉索（Ralph & Russo）
2014 春夏高定系列。

时装日程（2016）

月份	活动	季节
1 月	男装（伦敦、佛罗伦萨、米兰、巴黎）	秋冬
	高定（巴黎）	春夏
2 月	男装（纽约）	秋冬
	成衣时装周（纽约、伦敦、米兰）	秋冬
3 月	成衣时装周（巴黎）	秋冬
3 月 /4 月	成衣媒体日（纽约、伦敦、米兰、巴黎）	秋冬
5 月 /6 月	度假系列（纽约）	
6 月	男装（伦敦、米兰、巴黎）	春夏
6 月 /7 月	度假系列（伦敦、米兰、巴黎）	
7 月	男装（纽约）	春夏
	高定（巴黎）	秋冬
9 月	成衣时装周（纽约、伦敦、米兰）	春夏
9 月 /10 月	成衣时装周（巴黎）	春夏
10 月 /11 月	成衣媒体日（纽约、伦敦、米兰、巴黎）	春夏
11 月 /12 月	早秋系列（纽约、伦敦、米兰、巴黎）	

这个传统的日程已经支配了设计师数十年，但一场行业革命正在酝酿。一些有影响力的设计师正在采用"即看即买即穿"的方法，也就是在走秀后，立即销售服装系列，这样可以在时装周期间在社交媒体上获得最大的曝光率。

看秀

时装周只对买家和媒体开放，而非普通的大众。想要拿到某个设计师走秀的入场券，你应该去主流时装周的网站上看看（参见第 195 页的"时装秀"），上边列着所有设计师的联系方式和公关明细。这样一来，你便可以直接从设计师或者公关那里索要入场券了。

发送给这些公司的信件需要看起来专业，你需要表明你是一个造型师或自由造型师，并列举你发表的内容或你的博客。这样或许能够帮你进入一个等待入场券的候选人名单。一些公关会索要这封信中提及的杂志主编所开具的介绍信。

众所周知，拿到"主秀"的入场券比登天还难，特别当你是一个新人时。但有许多方式可以拿到"主秀外"时装周活动的入场券。公关和设计师和你越熟，你拿到的入场券就越多。

你可以从活动组织方的网站或者在秀场当天拿到走秀日程。走秀一般从早九点到晚八点半，但永远都有延迟，你可能在将近半夜的时候还没看到最后一场秀。

拿到媒体通行证

媒体通行证并不是走秀邀请函，它只能让你进入展厅和媒体休息区。拿入场券的方式并没有那么直截了当——你需要通过活动组织方申请，通常还需要杂志编辑确认你在为他们做造型工作或者你有自己的博客。

小贴士：

在没有入场券的情况下，要想进入时装秀现场，你可以尝试为时装周组织方工作。

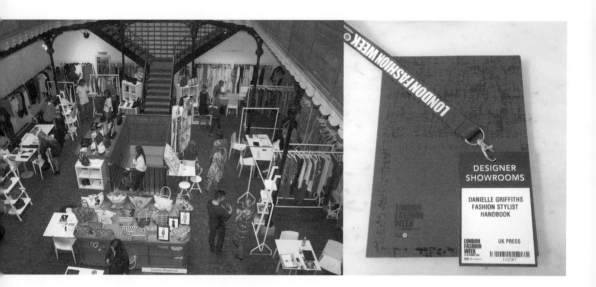

2013 巴黎时装周期间宝莉·
金（Polly King）的展示间；
媒体通行证和 14/15 秋冬伦
敦时装周的小黑本。

如果你拿出了身份证明和印着你名字的一本杂志，或者给组织者展示了你的个人网站或在线造型专栏，他们通常会提供一个去往展示空间的通行证。在这里，你能看到与主要活动组织方相关的设计师成衣系列，你还能拿到搭配手册，近距离地观看设计（包括配饰、帽子、鞋履和珠宝系列）并与设计师以及 /或者他们的公关会面。

穿什么？

下面这些博客里的图片主要摄于时装周期间，会提供一些看秀时的着装灵感：

✖ 西尔维娅·奥尔森（Silvia Olsen）：silviaolsen.blogspot.co.uk

✖ 街拍时尚（The Sartorialist）：www.thesartorialist.com

✖ 杰克 & 吉尔（Jak & Jil）：jakandjil.com

✖ 面孔猎人（FaceHunter）：www.facehunter.org

媒体日

媒体日是由公关组织的、为时尚媒体展示新系列的活动。大多数的国际公关不太可能总是从某一个时装公司或设计师处拿到全套的系列，相反，服装系列会由两到三家分布在全球各地的媒体共享，主要在纽约、伦敦、米兰或巴黎。

媒体日的当日，时装编辑或造型师可以近距离观看衣服的细节和质量，彻底查看衣服，并让公司模特试穿。这样一来，在这一季的服装系列或服装展示的

2014 春夏时装周街头风格，
由西尔维娅·奥尔森拍摄。

媒体日的展示间，由西尔维
娅·奥尔森拍摄。

激发下，他们就可以打造故事了。媒体日还是会见每个品牌公关代表的好机会。

当你来到公关公司时，你需要签到，这样他们就知道谁出席了媒体日。你会被带着四处观看、聆听服装系列的讲解，拿到每个品牌的搭配手册（并不是所有可以借出的单品都在搭配手册中）。一些杂志让助理或实习生将公关手中的所有搭配都拍照留档（一部分展示间不允许拍照）。高端、半年刊杂志或许足够幸运，能够在秀后直接借到一些单品。

春夏系列的媒体日在十月或十一月举行，而秋冬系列则在三月或四月。和走秀不一样，你不需要请柬——请柬是群发给所有媒体的，在多数情况下，进入展示间时并不需要出示。

高街品牌一年内会举办四次服装展示，春夏系列在十月或十一月，盛夏系列在一月，秋冬系列在四月或五月，圣诞系列在七月或八月。

造型师交付周期

渠道	从拍摄到出版时长	收集样衣 / 编辑	拍摄	归还
报纸	约 4 周	拍摄前几天到一周	拍摄当日（有时会在最后一刻提需求）	拍摄后一天至一周
周刊	约 2—6 周	拍摄前几天到一周	拍摄当日（有时会在最后一刻提需求）	拍摄后一天至一周
月刊	约 3—5 个月	拍摄前几天到一周	拍摄当日（有时会在最后一刻提需求）	拍摄后一周至几周
季刊、半年刊、一年三次刊	约 6 个月	拍摄前几天	拍摄当日（有时会在最后一刻提需求）	拍摄后几天到几周不等
自由媒体	取决于媒体类型（刊物、广告还是造型）	拍摄前几天（除非是最后一刻下的委托，有时是前一天下的委托）	拍摄当日（有时会在最后一刻提需求）	拍摄后一天至一周

寄出、回收样衣的行规是什么？

造型师助理给媒体协调员打电话或发邮件索要服装，或在媒体日时填写通告单。媒体协调员在这之后负责处理样衣，确保人们在可能的地点拿到他们想要的。对于爆款，我们需要制定一个严格的日程保证它被尽可能多地拍摄。一旦拍摄结束，造型师助理将样衣归还给我们。

当年轻造型师来借装，你如何决定是否借给他们？

我们从来不借装给杂志的直接委托方以外的人去做拍摄，如果我们不认识造型师，我们会要一封介绍信——这封信至关重要，要不我们也许再也看不到我们的样衣了！

当造型师前来赴约时，衡量他们优秀的标准是什么？

专业，对于拍摄中想要呈现的东西有明确的想法。

借装给造型师时你需要考量的关键点是什么？

他们是在为哪家杂志或报纸拍摄？谁是模特，谁是摄影师，什么时间拍摄？我们是否熟知这名造型师，是否和他合作过？

潮流

什么都能影响时尚，可能是一个观点、一本书、一段音乐、一个博客、一部电影、人物或者甚至时尚本身。这些影响产生文化、社会和经济流变，从而发展成为潮流。一股潮流可能是在一段时间内逐渐流行起来和演化的一个产品、一身搭配或风格，在之后要不消失，要不就持续得足够久，成为了一个永恒的时尚经典，譬如风衣外套。在开始筹划服装系列或调整品牌时，时装设计师使用潮流信息帮助他们做正确的决定。

大多数的设计师、制造商、买手和公关公司依赖时尚潮流来预测未来商业活动走向。对于时装造型师来说，走出去观察人们的穿着是至关重要的，这样可以帮助他们在万变的时尚潮流中保持先锋。

汤米·希尔费格（Tommy Hilfiger）在 2014 春夏纽约时装周。

潮流预测

　　时装设计师、零售商和制造商会使用各种各样的潮流预测服务来获取关于市场、消费者、全球潮流、街头时尚、走秀报告、关键搭配和设计概念、色彩预测和布料的潮流资讯。在提供这种服务的公司中，最著名的是总部在美国的"潮流视角"（Stylesight*）和"全球时装网"（WGSN），还有法国的"时尚资讯"（Promostyl）和"贝可莱尔"（Peclers），以及英国的"潮流站点"（Trendstop）和"编辑"（Edited）。客户可以通过这些公司的在线订阅服务来获取日常的推送。

　　潮流预测公司覆盖时尚市场的每一个领域。2004 年，吉尔·佩里尔曼（Jill Perilman）在美国成立"顶级牛仔"（Denimhead），这是一个关于牛仔和休闲运动装产业的潮流预测服务公司。"顶级牛仔"帮助制造商、设计师和买手走在不断变化的牛仔市场的尖端，它后来也被"全球时装网"收购了。

---

*编者注：Stylesight 已在 2013 年被 WGSN 并购。

拓扑肖普（Topshop）
展示架上的衣服。

右：
时装周街拍，由西尔维
娅·奥尔森拍摄。

潮流和预测机构雇佣自由的潮流侦察员上街街拍，记录街头时尚。比如，"潮流视角"在全世界各大城市都有记者，捕捉萌生出的潮流，收集搭配灵感。通过如"姿势"（Pose）这样的网站和移动端应用，用户可以收集网络社区对潮流的反馈，方便时装造型师追赶时装潮流。

对于刚开始做时装造型的人来说，订阅潮流预告服务的费用是难以承担的，但通过自己做功课，在品趣志（Pinterest）、汤博乐（Tumblr）和照片墙（Instagram）等社交媒体上监测时尚潮流，从而收集潮流资讯和街头时尚是很容易的。推特账户可以跟踪人们对产品和潮流的见解，例如"黑色牛奶"（Black Milk）这样的公司利用人们在社交媒体上的分享欲望，将他们客户发布在例如"照片墙"上的照片直接植入自己的网站。

潮流在层层过滤，从高级定制到成衣，从中等价位成衣再到高街品牌，最终到廉价卖场，这被称为滴漏效应。然而，潮流也可以自下而上地从街头兴起，在设计师的改造下进入时尚世界，最终出现在顶尖的高级定制设计师的走秀中。

有时很难分辨潮流究竟是自上而下滴漏至街头的，还是反之。我们生活在一个科技世界中，图像和潮流融于我们指间，再也不是只在杂志页面或商店橱窗中了。这些潮流不再是按季度划分的了，得益于高街时尚，你可以在几周之内买到和当季走秀相近的款式。

第六章 试拍

当你开始你的造型师职业生涯时，你需要一本展示你所做造型的照片的作品集（册子），同时尽可能多地与圈内人建立联系。接下来的两章将会详细探讨这些话题，本章会聚焦于能够实现这两个目标的核心要务——试拍。试拍是一次所有人——摄影师、造型师、模特、妆发造型师和助理——都无偿工作的照片拍摄，目的是尝试概念，看看自己是否能够融于团队中。试拍是一个可以富有新意地进行实验的、可以收获宝贵经验的、带领你进入造型世界的平台。

试拍的必要性

在职业生涯初期，你会发现你自己在原地打转：为了打造作品集，你必须要试拍；为了试拍，你必须认识摄制团队；为了认识摄制团队，你需要你的作品集。也许，这很令人沮丧，但你最终还是能实现的——这是一个高度视觉化的工作，若缺少能展示你工作成果的图片，别人很难给你提供工作。

我到现在也还试拍，这是工作中我最喜欢的部分。没有那么多的限制，所以允许我的想象力全开，它也是一个不断学习的过程。如果我喜欢某人做的搭配，我也会乐意和他们共事的，而不会在乎他们是刚开始的新手还是做了多年的老手。无论拍摄时发生了什么——好事或坏事——永远保持专业和冷静的头脑，因为永远都有第二选项。

试拍的优点：
==================================
✖ 所有人都是无偿工作的。

✖ 你有创意空间。

✖ 你可以将作品提交给杂志，有被发表的可能性。

✖ 你能获得宝贵的经验。

✖ 你可以不担风险地犯错。

✖ 你可以收获很棒的人脉和朋友。

✖ 有偿的工作可能来自试拍。

✖ 你可以找出自己的优势和劣势。

✖ 你能够发现造型职业是否适合你自己。

✖ 你能知道是否还想和某个团队或某人再次合作。

山姆·威尔金森身穿针织泳衣（造型师私服），伊萨半裙，头戴斯蒂芬·琼斯与伊萨联名款帽子，佩戴米莉·施怀雅珠宝，由丹妮尔·格里菲斯造型，萨拉·路易斯·约翰逊为《康珀尼》杂志拍摄。

✖ 使你了解整个拍摄过程的运转模式。

======================================

试拍的缺点：

======================================

✖ 你需要自费支付工作开销，包括旅费、餐费和快递费。

✖ 拍摄成果或许没法发表。

✖ 团队可能很差劲。

✖ 拍摄过程会一团糟（但没有拍摄是完全的浪费时间，因为你可以从错误中吸取教训）。

✖ 模特有可能会放你鸽子。

✖ 有的人可能为了另外的带薪工作而放弃你的拍摄。

✖ 你从公关索要的服装有可能拿不到。

拍摄前最后检查妆面和发型。　　======================================

会见摄影师

　　摄影师是你需要面见和友好共事的关键人物。在一份有偿工作中，他们通常是首先被选定的，一同选定的还有摄影师指定的团队。如果你能够与一名好的摄影师相处愉快，成批的工作就指日可待了。

与有潜力的摄影师建立良好的关系是试拍过程中的关键。

伊恩·哈里森（Ian Harrison），
时装与人像摄影师

www.ianharrison.co.uk

你认为什么是时装造型师？

与摄影师一起制定拍摄主题的人，也是在之后收集衣服、配饰的人。他们需要有好的想象力，知道能让拍摄内容有趣和富有新意的最佳服装搭配组合。

你更喜欢和有代理公司的艺人合作，还是喜欢和独立艺人合作？

有代理的艺人通常都有一点名气了，但我还是喜欢结交新晋造型师。与自带杂志关系的造型师合作更重要，这样你的成果就有一个现成的发表渠道了。

你会因为某人的作品集很棒而雇佣他吗？还是更喜欢亲自面见后再说？

我会，但亲自见见也不错，这样可以看看会不会有性格冲突。

你会关注时装造型师的册子中的什么？

有趣的想法、原创的造型、为拍摄目标市场而准备的造型，以及故事的多样性。

虽然没有什么可以阻止你去邀请一位专业摄影师来做试拍，但要想成功，你自己也需要一些扎实的拍摄功底。助理摄影师更容易被找到，也更有可能与新晋造型师和团队进行试拍。

要想寻找人脉，就去杂志和网上找找发表的照片，找到你喜欢的照片的创作人员信息：摄影师会放在首页上，而他们的助理则一般在最后一页。只需做一点点调查，你应该就可以找到助理的具体联系方式，助理们或许有自己的网站。

如果你没能找到电话号码，那就给助理摄影师写封邮件，告诉他们你想要试拍，展示你想要呈现的想法和撕页，有时仅仅这些内容就足以拉人入伙了。

图片和模特机构是上佳的信息来源：他们总是在会见新的、成名的摄影师，并且能够告诉你他们心中的新晋人选。另一个选择是前往离你最近的、提供摄影课程的时装学院，那里有着大量想要试拍的学生，所有人都在起步，都跟你一样，想要通过试拍或助理工作建立社会关系。

招募团队：找什么？

　　在为试拍寻找团队时，你需要查看其他艺人的作品集。下文列举了一些在每一个实例中都应参照的指标。一如所有的拍摄一样，你也应尝试去见见对方，如果有艺人资料卡（composite card）的话，就带上，记录你对他们的评价，并在背面记录他们所做的工作。你不一定总能记起他们是谁，但你的笔记能帮助你回忆起来。如果艺人有个人网站的话，那么在会面前浏览网站——这可以帮助你了解他们的工作方式和工作内容。最后，和每一个人都友好相处是很重要的——你需要知道你跟他们都合得来。

摄影师

　　在浏览某摄影师的作品集时，查看照片的光线——拍摄对象是否被照亮？是否在不该有阴影的地方有阴影出现？他们喜欢在哪里拍摄——只拍外景还是外景、影棚都拍？照片是否清晰，焦点是否对准？摄影师是否曾与许多不同的模特合作？模特看起来是否专业？是否是公司签约模特？还只是朋友之间帮忙？

　　他们是哪种类型的摄影师？照片看起来偏前卫还是更商业？是否符合你想要的方向？他们为杂志和广告拍摄的客户是谁？这些照片是否具备启发性？如果不是，那就不要和这一名摄影师合作，因为你只会拿到糟糕的照片。无论是前卫的还是商业的摄影师，一定要找一个作品质量上乘且与众不同的摄影师。

妆发造型师

　　在浏览作品集时，扪心自问，他们可能做出什么类型的发型和妆容——是时髦的？前卫的？商业的？还是过度商业的？他们做的发型是爆炸头还是轻松、自然款？妆容是干净、整洁、脏乱还是风格多样？造型与每张照片是否统一？他们是否知道自己在做什么？他们以前是否做过试拍或拍摄？他们是否既能做头发又能化妆？是否能化男士妆容？

选择模特

当你需要找模特时，就给模特公司打电话，预约面见他们的新人。所有的模特公司都有新人模特（New Face），后者需要积累经验——因为新人模特也需要打造自己的作品集，所以会对免费试拍感兴趣的。

自己去或带上摄影师去赴约，查看新人栏，也就是贴着以肖像照为主要内容的艺人资料卡的一面墙。一名公司代表会协助你挑选合适的模特，查看他们的档期，并提供一张标有模特姓名、数据（身高、胸围、腰围、臀围、鞋码、头

每一家模特公司都有一个新人栏，公司里和网站上都有。这些模特都可以为试拍而免费出镜，因为他们也需要建立自己的作品集。

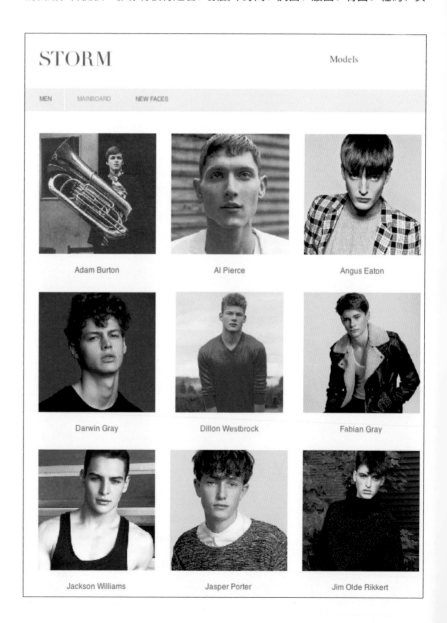

发和瞳孔颜色）的卡片。务必预定三名模特，先挑一个最喜欢的临时模特，再挑第二和第三满意的。这样可以确保一旦第一选择不可用时，拍摄还能继续。

根据艺人卡和作品集挑选模特时，你需要先确定拍摄的内容和主题，继而决定模特是否有契合的相貌。一旦你选定了一批姑娘后，先看她们的身高作为参考。再检查她们的鞋码，女性样鞋要不是英码3号的，要就是英码7号的，如果模特是英码8号的脚，那么鞋子就会有合脚的问题（必要时，鞋大脚小的问题可以用塞棉花、羊毛来解决）。通常而言，模特的鞋码都是英码7号的。

安排一次模特试镜是必不可少的。模特有可能在艺人卡上看起来很理想，但也许拍摄期间她的皮肤状态不好。在卡片上她是长发，但她之后有可能剪短了并染成了红色。模特公司本应知晓上述所有问题的答案，但为了安全起见，你应组织一个简短的试镜。你或摄影师应安排模特来你的办公室或任意可能的地点。

查看她的作品集，评估她的头发、皮肤、个性和态度。你跟她能否合得来？她能否控制好姿势，动作是否灵活？如果需要她为走秀试镜，她是否会走台步？这些问题看似显而易见，但却至关重要——如果拍摄需要大幅的动态，而模特只会直挺挺地站着不动，那会成为一次糟糕透顶的拍摄。如果她看起来太年轻或者缺乏自信，或许选一个更有经验的模特会更好。她的作品集是否展现了她是一个可以根据不同着装展现不同自我的变色龙？或者她只有一种表情和一个姿势？

在宝丽来照片背后写上模特的联系方式是有帮助的。

永远保留模特的艺人卡，或者给模特拍宝丽来或数码照片，在照片背面记上你自己的意见，也记上她的联系方式。

迈克尔·萨拉克（Michael Salac），
布洛（Blow）公关公司总监

www.blow.co.uk

你在公关行业中的角色是什么？

把有才华的人带入行，将设计师介绍给公关、宣传公司和媒体。为了拿到可能最佳的覆盖率，你需要有良好的产品定位、合适的曝光率和相宜的内容。

你如何定义时装造型师？

时常，人们会认为他们是去拿衣服，并拖着衣服来回跑腿的人，特别是当他们拖着超大的箱子走进来的时候！这份工作一开始真的是很艰难的，特别是他们合作的杂志或艺人没有快递费用预算时——它并没有表面那么光鲜亮丽。然而，在现实中，他们的工作是紧跟创意任务单，将一条无聊的裙子变为一件人人都想要的东西，由此打造一股潮流。

你会借装给试拍活动吗？

如果助理经常过来，我们认识他们，那我们就会借装给他们一晚上或者一周末——周五晚取走，周一一早还回来。我们喜欢结交朋友、借装给他们、与他们建立信任。能够看到他们的工作、看看他们的概念、直观地跟进他们的进程是一件很棒的事情。

有一个造型师为一家通俗小报工作，我们很少借装，但如果她是为她自己的作品集而非报纸而借装，我就会破例。这个行业的全部无非就是信任和建立联系。如果借出的单品出现在了小报中，那我就再也不会借衣给她了。

对于一名试图进入时装造型领域的学生，你有什么建议呢？

这一行不是学来的，不管你是否有那个眼力。我认为，要当一名造型师，你必须要有个人风格，同时要有相应的个性。建立联系、尽可能多地试拍，甚至使用二手服装和你的私人单品——私人订制是一个获得新的搭配的好方法。当我刚开始的时候，没有什么公司愿意借装给我，为此我需要四处求助。但最终好的相片意味着我有一个好的作品集，可以展示给公司，说服他们我是有才华的。

寻找试拍的服装

首先，将你自己的和朋友的衣橱洗劫一遍，或者用你大学时尚学院的样衣。虽然并不推荐，但你可以选择购买服装，之后再到店内退货，但你必须非常小心地对待衣服。然而，如果化妆品蹭到了衣服上，那这个拍摄就贵了，因为你不能退还脏了的衣服（参见"知晓自己的权利"，第 160 页）。

如果你是造型师助理，那就问问造型师，你是否能为拍摄在周末使用公关借出的服装。他们有可能借给你，也可能不借——这取决于你跟他们工作了多久，以及工作表现如何。请记住，造型师需要为他们借来的服装负责，所以如果样衣丢失或损毁，损害的将是他们的名誉，罚的也是他们的钱。如果最坏的事情发生了，你是否能够支付造型师相应的费用？此外，你可以请你的老板给关系较好的公关打电话，询问是否愿意借装给他们自己的助理。如果造型师说说好话，一些公关是愿意借装的。

如果做了很久的助理，与一些公关也建立了私人联系，那么就问问他们是否愿意在周末借给你一些单品做试拍（也就是说在周五的晚些时候拿走衣服，在周一一早再还回去）。除非你试，不然你永远不知道——如果他们愿意借给你，一定要把拍摄的照片寄给他们，这样有助于维持良好的私交。请记住，作为一个造型师助理你是有吸引力的——公关知道你可能在某日成为下一个明星造型师，如果实现了，那么他会想要分一杯羹的。结识公关代表，记住他们的名字，和他们建立工作关系，这样他们或许就能帮你的忙。

公关很可能会把季末样衣借给你，因为大多数这一季的媒体借装已经完成。这意味着最佳试拍的时机就是季节变更的时候，也就是四月到六月期间、十一月到一月期间。如果你或者摄影师和杂志社有良好的关系，而你也想把试拍的照片投给杂志社，他们或许会给你开介绍信，这有助于你从公关处索要服装。

===

任务：收集样衣

正如第二章所言，知道哪家公关公司负责哪个设计师品牌是很重要的，因为你多数的精力会耗费在为拍摄收集样衣上。选择杂志中的一则故事，查看选用的样衣品牌。检查品牌列表，调查若获取这些衣服需联系的人——可能是一个公关、一个公司内部的代表、一家商店或是一名学生。调查的结果都可以添加到你的联系人列表中（见第八章）。

===

研究与构想

在接下来的数页中，你可以找到好几个能够助你调查、记录和准备拍摄的练习方法。作为一个持续不断的过程，你应该收集撕样，为之后可能的拍摄记录想法。无论何时，当你看到一个有启发性的照片，或者在一则时尚故事中看到了一种特定的布光，那就把它从杂志中截取下来并标好注释。

===

任务：研究你的领域

把对你有启发性的人物、图片和服装编排成册，如此以来就可以对你感兴趣的领域有所了解。如果你对年轻客户的造型感兴趣，那就在休闲和运动时尚或牛仔潮流上下功夫。发现谁做了什么——哪家公司签约了哪个摄影师、造型师或妆发造型师？谁是项目的负责人？哪些团队合作拍过广告项目？他们是为哪家杂志社拍的？他们的独特风格是怎样的？他们用了哪些设计师？哪些公关公司代理这些设计师？他们用了哪些模特？当红的设计师是谁？开始调查这些问题，做到对行业内的人物和合作关系心中有数。不要只局限于顶尖的摄影师，也看看那些处于上升期的摄影师。这项任务的目的在于帮助你了解、理解你感兴趣的领域，同时鼓励你打造个人风格和理念：你希望怎么拍摄？希望用哪些设计师的作品？喜欢和哪些人合作？

===

任务：视觉知识

    将所有激发自己灵感的资料建档：去博物馆，在脑海中建立视觉历史。知道 20 世纪 20 年代的飞来波女郎（flapper girl）长什么样子，知道 60 年代斯卡曲风（ska）是什么。找到某个设计师的灵感来源，例如过世的亚历山大·麦昆的最后一季服装系列就取材于 16 世纪画家耶罗尼米斯·博斯（Hieronymus Bosch）的画作。麦昆是如何把文艺复兴的艺术作品图像变成自己的服装系列的呢？把任何启发你的东西都收集整理在一个文件集合里。

已故的亚历山大·麦昆在 2010 年秋冬季（他的最后一季）服装系列中的灵感取自耶罗尼米斯·博斯创作于 1504 年前后的油画《人间乐园》(The Garden of *Earthly Delights*)，见对页图。

任务：为拍摄构思故事和理念

　　拍摄的构想可以源自任何地点的任何事物：一幅图像、一种颜色、一个展览。为拍摄构思主题和故事并不复杂，下述内容是一个根据克里斯特尔·莱特（Crystal Wright）的《妆发和服饰造型职业指南》（*Hair Makeup & Fashion Styling Career Guide*）改编的、有益的构思想法的训练：

你需要：

✖ 最新的时事杂志，例如《伦敦周刊》（*The Week*）

✖ 最新的高端时尚杂志，例如《Vogue 服饰与美容》或《ELLE 世界时装之苑》

✖ 便利贴

✖ 荧光笔

SAM WILKINSON
Blue Height 5'11" Bust 32" Cup B Waist 24.5"
Hips 35" Shoes 6.5 UK

开始为拍摄的搭配、拍摄地和
模特选择进行构思。左上是由
李·鲍沃尔斯（Lee Powers）
拍摄的。

做什么：
==

✖ 首先，翻阅时事刊物，用便利贴标出你感兴趣的三件事。这可以包含从政治活
  动、金融与歌剧，到全球人物、环境和街头舞蹈的各种事件。

✖ 其次，翻阅时尚杂志。用便利贴和荧光笔，标出某一个潮流方向和某一季的必买
  单品。

✖ 将这个潮流方向或该季必买单品与其中的一个世界事件结合起来。充实细节，包
  括谁、什么事、什么时候、哪里和为什么，模仿杂志的内容，写下自己的故事情
  节。如果你会画画，给故事配图，在图下方写下故事梗概。

✖ 最后，回到时尚杂志，再看看那些时尚故事。问自己，这个故事讲述了什么？用
  杂志、便利贴和荧光笔打造你自己的故事。

==

===

任务：版式设计

除了故事主题以外，你还需要考虑如何呈现故事的问题。需要拍多少张照片？有没有跨页图片或者裁剪的照片？四分之三人像？全身像？还是特写？你想要什么样的模特？想在照片中出现多少个模特？对模特的头发和妆容有什么想法？每一张照片中，模特都在做什么？

找到同一本刊物不同的三期，看看每期的拍摄故事中是否出现过一系列连贯的呈现方式，也就是说，是否有一个范式。

===

> ### 小贴士
>
> 如果你想要为特定的一个杂志工作，你的拍摄应基于这本杂志的版式（但请勿抄袭）。

任务："潜心阅读"

"潜心阅读"是浏览对你有启发性的报纸、杂志、社交媒体博客或任何其他的内容。阅读报纸和阅读时尚杂志一样重要，同时也要浏览那些你平时几乎不会看的周刊。你平日的多数时间应花在阅读上：无论是关于走秀的内容，还是最新艺术展的评论，还是中东危机的报道，走在潮流前沿是至关重要的。

开始阅读的最佳时间是时装周期间，因为这时的报纸上会有更多的时尚新闻。将那一周的所有全国性报纸拿过来，既包括宽幅报纸也包括小报；还有时尚周刊、月刊、名人杂志、新闻和政治类杂志；以及半年的、季度的和四月一期的时尚杂志。你可以在线上读到其中的大多数，但只有在眼前一页页地打开时，你才真正能够了解一份报纸或杂志。

对期刊的呈现方式建立概念。找到时尚部分的内容，看看刊头，上边列有工作人员名单。记下正在举办的展览，它们是在哪里进行宣传的——你就能看到一个正在浮现的模式，联结了所有报纸和杂志。它们都是通过新闻、艺术和商业中的时事而彼此联结的。你会看到时尚故事就是围绕着这些展览及其评论文章、电影和其中的人物展开的。新闻故事能够搭上时尚故事，反之亦然。

这样你将找到你喜欢阅读的报纸或杂志的类型。听听广播，特别是在时装周期间。广播中有一些特别出色的时尚和艺术栏目，特别是英国广播公司第四频道和国际频道，内容可能是关于大卫·霍克尼（David Hockney）这样的当代艺术家的专题报道，也可能是关于高跟鞋的，又或者是与薇薇安·韦斯特伍德的访谈。去了解人们关心什么样的时尚话题，是一件有趣的事情。

威尔特郡内斯顿庄园的外景
房屋。

实际问题

开始之前，你应考虑试拍将产生的所有成本。光是一个正常规模的拍摄（6—8 套搭配）费用就需要大约 150 英镑到 300 英镑，这还是保守估计。你还需要花费大概 5 天时间进行无薪工作（2 至 3 天做准备，1 天拍摄，1 天归还样衣）。

你需要为拍摄租用影棚和外景房屋。通常，这块工作是摄影师的职责，他们应支付相关的费用。如果是你自己来预订，请确保知晓所有的花费，因为可能会产生额外的预订费用。

影棚会准备熨斗、熨衣板、蒸汽熨斗（有时会因此加收租金）、展示架、衣架、配饰台、全身镜，偶尔还会提供停车位。而外景地通常只提供熨斗和熨衣板。

在离开影棚或外景地时，务必确保一切恢复原样。在你自己收工后打扫干净，如果必要，在其他人收工后帮助她们打扫干净。影棚和外景地会希望摄影师已购买了公共责任险和意外损失险（更多详情参见第九章）。

编辑与选择相片

目前，大多数的摄影师都用数码相机拍摄，也就是说，你在拍摄后或者工作结束后可直接浏览所有的相片。如果他们用胶片拍摄，你就需要另约时间看相版、查看打印在 A4 纸上的相片底片。你会需要一个放大镜和一支油性铅笔，用来标注你心仪的相片。

如果你是个新手造型师，选片似乎是一个令人生畏的任务。好的品味有助于查验相版，为了确保拍摄的整体效果良好，下面是一些注意事项：

✖ **造型**：是否有不该出现的东西，比如一条内衣肩带和商标？连衣裙上尴尬的褶皱？不合身的衣服或者鞋？图像是否针对了你的目标市场？是否能够刊载在你的目标杂志上？

✖ **摄影**：某张照片中的灯光是否合适？对焦是否准确？面部是否有糟糕的阴影？是否是你想要呈现的效果？

✖ **妆发**：头发是否好看、妆容是否干净？是否和服装搭配协调？是否有乱发或者难看的阴影？

✖ **模特**：模特姿势是否到位？她看起来是否协调？她是否能够撑起衣服？还是衣服掩埋了她？

如果以上其中一个要素出了问题，那整张照片便不能使用（但现今 Photoshop 和 Illustrator 软件对于编辑、润饰图像有显著帮助）。拍摄是团队工作，每个人都要积极参与，也要知道为了实现目标要做的事情。

向杂志提交作品

通常来讲，向杂志递交照片是摄影师的工作，但没有什么可以阻止你毛遂自荐。先锋杂志总是在探寻富有想象力的内容和可以共事的新摄影师。

尽可能多地试拍并给收取照片的杂志推送。许多杂志会按主题展开每一期的内容，但你需要了解你身处的世界中所发生的事情并以一种相关的方式来拍摄。有什么展览即将开幕？什么时候开幕？不要守株待兔，去实现你的想法，亲眼去看看你想要工作的杂志。

不要期待能够从拍摄中拿到酬劳，你的目标是把作品和名字登在杂志上，为自己的作品集撕样做积累。你还可能从杂志的编辑室收获一些宝贵的反馈意见。作为自由造型师，面见杂志编辑是头等大事。如果你能够按期向月刊或季刊持续递交作品，那么你的自由造型师生涯将会变得越来越轻松。

佩特拉·斯托尔斯（Petra Storrs），
艺术总监兼布景设计师

www.petrastorrs.com

你的职位头衔是什么？它包含什么工作？

这件事真的要取决于不同的工作内容——是艺术总监、生产设计师、布景设计师、服饰设计师，还是造型师。

你对时装造型师的定义是什么？

用服装、图像和自我表达进行探索和实验的人，创作新鲜又美好的潮流，促使他人不得不争相效仿的人。

在你的领域中，谁或者什么影响了你？

在这个领域中，有太多天赋异禀的设计师了，特别是歌剧布景师，因为他们手头的经费更宽裕。比如，我爱死了布雷根茨上映的《湖上的户外歌剧》（Outdoor Opera on the Lake）的布景，皮娜·鲍什（Pina Bausch）的布景总是很简约但富于表现力。我觉得埃斯·德福林（Es Devlin）、修娜·希思（Shona Heath）和约瑟夫·本内特（Joseph Bennett）的作品都棒极了，但我也从装置艺术家、雕塑家和摄影师等人那里得到了许多灵感。

你是如何拿到你的第一批人脉的？

我一开始和朋友一起为一些杂志做低成本的拍摄，无偿为《NME》杂志工作，一切积累得十分缓慢。我还认识帕洛玛·菲斯（Paloma Faith），她那时正在寻找一家唱片厂牌。我开始为她的演出打造舞台布景，为她的第一张专辑做了布景设计。故事就从此开始了。

你是如何将布景和搭配结合在一起的？

我用一个叫做投码网（Dropmark）的网站制作在线情绪板，将我感兴趣的、与项目相关的元素加入其中。在这里，我通过画草稿以及拼接图片来提炼核心概念，并设法用既定的预算来实现这个概念。这些都会发送给客户并进行进一步探讨，过程中会有修改。之后，我们会在影棚中对布景进行尝试，若布景庞大，我们就画好草图由布景工人来施工。

你有什么建议提供给那些试图拿到这个职位的人？

我认为，一开始你应尝试对所有的工作机会说好，因为没什么吸引力的工作可能也会带来更大、更好的机会。我认为，如果你无偿参与一个项目或一个短期实习，你必须能清楚地看到它所能带来的直接好处，要不然是新学习的技巧，要不然是结识新人和新的人脉。如果没有好处，那就向前看吧！我认为，除了当助理外，自己负责项目是十分有益的，这样你能够学会管理预算，承担要按期交稿的压力——我认为这是一些需要慢慢积累的东西。

你是否有助理？若有，你期望他们做什么？

有的，我们现在一起共事了3年。她了解所有的工作模式和系统。她在工作的方方面面都能帮上忙，特别是处理采购、收据、租用道具的文书以及更新网站和博客。

由佩特拉·斯托尔斯设计的在维多利亚与阿尔伯特博物馆中的装置艺术，其中的连衣裙是由褶皱的百叶窗边料制成的，其形态可以随着舞者的移动而变化。该装置只花费了很少的预算。

你迄今为止的最佳拍摄或工作是什么？为什么？

为嘎嘎小姐（Lady Gaga）的音乐视频《天生完美》（Born This Way）制作彩色玻璃连衣裙是我最喜欢的工作之一，因为当接到委托时，这项任务看似不可能实现——为了赶得上纽约的拍摄录制，没有什么时间留给设计。我找到了许多人共同完成了这项任务，我们日以继夜地工作了几天，也就是这一次，一切都十分顺利，毫无差池。我们严重缺觉但却兴高采烈。

与导演或摄影师合作制作时装影片或音乐视频的过程是什么？

我通常会拿到一个脚本（treatment）/分镜（storyboard）或是情绪板，用来了解他们的想法。由此，这是一个在删减东西的同时要保留核心概念的工作，为的是能够满足预算要求！我更喜欢用图片做研究，画些画儿，再在会议中将所有事情过一遍，这之后我们会把需要的东西挑选和制作出来。

你如何展示你的工作？主要是在线上还是你有一本皮面的作品集？

二者都有。我所有的工作都上传在线，所以我不需要一本包边的作品集，但我发现，在会议中，作品集有助于阐释我的工作。

第七章 创建作品集

如前一章中所述，在刚起步时，你需要创建自己的工作作品集，也就是一系列由你来造型的图片合集，用于帮助你在业内找到工作。每一次被委任以项目前，作品集都会被客户查看——或是在线上或是实体的作品集，它总是你推销自我的平台：是你职业生涯的支柱，是展示你造型师能力的关键。在恰当的时机，你就能凭借自己的能力成为一名造型师——或许需要两到三年——你需要不断往作品集中加料，其中可以包括试拍、发表过的造型和有偿的广告工作——无论是哪个领域的造型工作，只要是你参与的，都应反映在作品集中。

作品集

一如当今世界的一切事物，对造型师作品集的关注正逐年转向数字和在线平台，你需要通过不同的渠道来展示你的作品，比如 iPad、个人网站还有线上的作品集平台（这些都会在本章稍后内容中涉及）。即便如此，我们还是以传统的皮面的作品集（册子）来开始本章的内容，除却网络变革，用作品集为潜在客户做实体展示依旧是至关重要的。

你需要一个 14×11 英寸或 12×10 英寸大小（照片尺寸）的手工皮制或人造革的、带螺旋柱的册子，螺旋柱方便在必要时候更换作品集中的图片。在封面上压印你的名字，内封中加上带名字、职业和联系方式的标签。

这本册子可能会花费你 110 到 325 英镑，位于纽约的布鲁尔 - 康特尔摩（Brewer-Cantelmo）和总部在英国的布罗迪斯文件夹（Brodies Portfolios）是挑选册子的好地方——二者都提供顶级的产品和服务——或者也可以去伦敦图像中心（London Graphic Centre），那里可以找到好些基础款的册子。

你还需要一个作品集外包装袋，在将作品集快递给潜在客户时，可以用于保护。买个质量好的、加厚的防水袋子，在上边写上你的名字和联系方式。作品集袋子的花费在 70 到 110 英镑。

作品集中应包含如下内容：

✘ **图片：**大多数标准的作品集都包含 30 至 40 页的醋酸塑胶插页，所以你就有 60 至 80 张图片的空间。你的作品集应包含 10 次拍摄的内容——每次拍摄 6 张图，以及每个广告项目 1 至 2 张照片。

作品集和作品集包。

✖ **干净的醋酸塑胶插页／封套**：用于存放你的照片，它们应与你的作品集大小相近
（约 14×11 英寸），还应加上防雨罩，用于保护首页和末页。

✖ **10 套艺人资料卡或"备忘录"**：也被称作艺人卡，它们是 A5 大小的推广卡片，
选取了你作品集中最佳的照片（一面 1 张图，另一面 2—4 张图），充当一个迷你
作品集。如果你的打印机打印质量不错，卡片纸质也还行，那不妨在家中打印，
这样就能保证在作品集中更新最新的内容。卡片上要包含你的姓名、职业和联系
方式，如果你有经纪公司，也要注明。

　　将履历放入其中或许也有帮助，履历不是必须的，因为照片和撕样就能
不言自明了，但在作品集的最后将你所从事的工作列出来也不失为一个好
方法。在归还样衣时，用印有你名字、标志、联系方式和公司信息的致意便条
给公关们写感谢信，也是有帮助的，但简单起见，你也可以直接用艺人卡来写
感谢信。

小贴士

　　为了保护作品集，总是把书脊一侧朝下放入作品集袋。
醋酸塑胶页很沉，如果将书脊一侧朝上，会损坏书脊的。

收集、打印并发送图片

将拍摄过的所有素材都收集起来：为了打印所有想要的东西、制作个人网站和艺人资料卡，你需要高像素的图片。摄影师会把这些照片发送给你，更好的方法是存在一张 CD 上，为打印存档。如果拍摄用的是 35 毫米胶片，那就和摄影师见面看底片，挑选你想要的照片，若由摄影师来选片，很可能与你选取的不同（但如果是试拍的照片，那么选择权则在你自己）。摄影师会给出在哪里冲洗照片的建议，或者他们会直接为你冲洗出来。很显然，当进入发表环节时，编辑的选项便不再为你所左右了。如果你是为广告拍视频，确保你保存了所有的原始文件，以便打造你的视频作品集。

许多相片打印机能够打印出质量上乘的照片，可直接用于作品集（见 "参考资料" 第 196 页），每一次印制耗费 20 至 30 英镑。除此之外，你也可以选择在线上打印，这是一个更便宜的选项。一些地方不提供 14 × 11 英寸大小的相纸：他们会让你支付 A3 大小相纸的价钱，再将预制成 14 × 11 英寸的相片文件发给他们打印，之后再用裁纸刀将 A3 纸裁成 14 × 11 英寸大小。同样都是 14 × 11 英寸的相纸，你可以选择全出血打印（full-bleed prints，无边距的），也可以选择带白边的相纸以及带白边且背面带摄影信息的相纸。

许多网站可用来传输高像素图片的大文件，比如多宝箱（Dropbox）、微传（WeTransfer）和飞速（Hightail）。把文件存为 PDF（Portable Document Format，可携带文件格式）格式能够保持固有的排版。无论是作品集、网站还是线上作品集，你都应把图片转换为 PDF 格式，这样就能在给客户的邮件中以附件形式发送了——一些客户没有时间翻阅网站，他们觉得通过邮件查看会更快更简单。

要不要撕样？

完成所有的印制后，我的作品集看起来整齐划一，我喜欢它这时的样子。然而，回头看时，对于摄影师来说，带全出血的相纸会更好些；而对造型师而言，带撕样的则更好。撕样是你发表作品的证明，撕样越多，你的可信度更高，你的工作就越多，收入也更高。你也可以把需要的内容打印出来，但应该使用在杂志上发表过的高清图并在旁边注上制作信息。

为你的作品集选择图片

最完美的作品集是编辑优良且简洁大方的，一般有 30 至 40 页（60 至 80 面）。如果你的内容太少，你的作品集就会显得微不足道，但内容过多，客户

丽兹·谢泼德（Liz Sheppard），
创意总监

www.lizshepard.com

在作品集中，你倾向用撕样还是全出血图片？

　　虽然我们多数时候都在线上或者用 iPad 看作品集，但我认为，从杂志截取的撕样依旧使人印象深刻，特别是当这本杂志是一册值得一提的刊物时。造型师不一定能够当场阐释自己的作品，所以如果图像是有辨识度的，那会是加分项。从审美的角度看，有统一风貌的作品集总是看起来更好——一种版式，不加撕样——但我们这里谈的是造型师，而不是艺术总监，所以我支持用撕样，因为我们终究都是为造型服务的。

会产生阅读疲劳，特别是如果这时他还有其他 20 本作品集等着他。

　　编辑排版上，你应该为每次拍摄保留约 6 张图片，因为造型需要讲述一个故事。对广告而言，每一支广告应保留 1 至 4 张图片，取决于广告中用了多少照片。音乐录影则取决于拍了多少照片，但通常会保留 2 至 4 张图片。每一张图片都必须能够独自成立——如果拍摄中的一切都很完美但妆容不佳，那就不要用这张图。如果愿意，可以把定向的试拍照片放在作品集中，但同时也把工作的撕页放进去。

　　请记住，你的作品集是一个沟通工具——它应该浅显易读，特别是你不在场时，它也能够一目了然。你应对作品集中的每一幅图片都了若指掌：谁拍

> ### 小贴士
>
> 　　内容、内容、内容和无穷无尽的内容。我第一次制作作品集时，我就知道要把大量内容放在里面。现在仍然如此，虽然我在这个行业已经待了有 10 年了。

在外景地拍摄。

的，谁做的妆发，模特是谁，模特穿的什么衣服，是为哪家杂志拍摄的。

作品集中的内容应指向你的职业方向。客户希望能看到你对工作的热忱，希望在与你共事时倍受启发。在决定选取什么样的图片时，想想你愿意合作的杂志和客户，将他们的搭配作为你工作的基础。

时刻更新作品集的内容是至关重要的，确保图片是先锋的（超前的），但又顺应潮流，反映了当下的时装季。如果每隔几个月，你的作品集就要寄给同一拨客户、摄影师或中介，他们会期待看到内容的变化和造型的进步。在时尚领域里，图片十分容易过时——这个圈子里的人都懂行，能认出过时的作品集。

潜在客户

高端时尚杂志	例如：《Vogue 服饰与美容》《ELLE 世界时装之苑》《时尚芭莎》《W》
高端先锋杂志	例如：《i-D》《Love》《125》《Dazed》
商业周刊	例如：《红秀 Grazia》《热度》《OK！精彩》《看客》
音乐公司	例如：索尼音乐、环球音乐、XIX 娱乐公司
图册/电子商务	例如：博登（Boden）、The White Company、玛莎百货网店、颇特女士（Net-A-Porter）、ASOS

专业人士看什么

你的作品集需要展现多元的工作经历——既有个人风格，又丰富多变，还要能够发表。脑中带着各异的任务的不同专业人士对作品集的看法是完全主观的——一家造型代理和一个广告商的视角很可能是迥然不同的。总的来说，人们会评估你和你的作品是否专业，以及你本人是否可亲、容易相处。

根据你的目标客户来剪辑作品集的内容——如果是杂志客户，就加上编辑版面；如果是广告客户，就把广告和编辑内容全都放上；若是音乐客户，就加上你的编辑内容和试拍作品——越离经叛道越好——但也展示一些商业的工作内容，表明你可以为街头人群做造型。对于图册客户而言，把图录和编辑内容都放进去。

杂志编辑

杂志编辑会想要看到你为其杂志所做的功课，以及你的造型与他们品牌的匹配度——你的风格更符合青少年市场还是更适合如《Vogue 服饰与美容》或《W》这样的高端刊物？你是否能够做造型搭配？你的风格是新潮的、先锋的，还是商业的？造型是否成功？你的品位如何？你在时装行业的人脉是否多样？你是否了解时尚史？你的工作是否给他们带来灵感？

广告客户

广告客户会想要看到好的编辑内容（非商业内容）以及好的广告。他们期待你有把好看的衣服——从高端到高街——成功混搭在一起的本领。你在时尚圈里有乐于助人的朋友吗？你是否能够把握潮流，是否对当下时尚圈和街头时尚了如指掌？

音乐客户

音乐客户寻求各种各样的编辑内容，或是商业的或是艺术的。他们乐于看到你试拍中富于想象的照片，也想要看到你为普通人而非仅仅是模特创作的造型。你是哪一类的造型师？是私人买手、为艺人设计服装的创意造型师？还是能够从优质品牌借装的高端造型师？

图册客户

图册客户期待看到许多的商业内容和编辑内容，而非艺术化和实验性的试拍。他们在寻找图册中把握潮流、紧跟时尚的证据。他们还会查验你造型工作的技术质量：服装有没有褶皱？是否合身？这些照片是否有利于服装的大卖？

代理

代理想看的是你能够做好造型且风格多样，以及你是否能够帮他们赚钱，

上：
为公平贸易时装公司人民之树（People Tree）拍摄图册。

左：
为 VO5 拍摄的纸质广告，由迪米特里·丹尼洛夫（Dimitri Daniloff）拍摄。

萨莉·休斯（Sally Hughes），制作人

www.theproductionfactory.com

你的工作头衔是什么？工作内容包括？

制作人。我根据客户的任务单，为他们组织拍摄，组建他们想要的拍摄团队。我负责寻找拍摄地、提议或预定造型师和妆发造型师。有时，客户有具体的中意人选，所以我要做的就是选择或预定这些人选。

约见造型师是否重要？

面对面的交流能够帮助你了解对方的个性，看看他们的个性是否与不同的拍摄团队合拍，也可以将人名和长相对上号。给对方打电话！我发现近些年来大家只发邮件，但像我这样的人，每天邮件多得能把我埋掉，所以打电话说："你好！我刚刚把简历发过去……"是种不错的方式。

你期待在作品集中看到什么？

对于造型师来说，有一个能让人过目不忘的风格很重要，但我认为同时展现你为商业内容以及非商业内容造型的能力也至关重要。如果你的作品集充斥着非商业内容，而你面对的是一个商业客户，那可能就有问题了，但如果你展示的对象是一个非商业客户，那就万事大吉。

在展示作品集这件事儿上，你有什么建议吗？

你应根据要面见的不同客户来变化作品集的内容，确保它看起来不是仓促拼凑出来的，同时，保持热情洋溢。

在妆发造型和服装造型方面，你有什么期许？

这要取决于任务单。你会拿到一个任务单，比方说，一个男装拍摄的任务单，要寻找一个善于剪裁西装的男装造型师，或是可以提供咨询意见的造型师，或者还想要找一个擅长特定类型女装造型的造型师。我们脑中会浮现满足不同任务的人选，然后我们就把这些人，或者是客户指定的人选找来。

你会浏览什么网站？

我们会参看许多代理的网站，因为他们会更新最新的摄影师和造型师信息。我们会查看当下正在发生的事情，谁又做了什么拍摄。就算你刚开始起步，并且不想通过代理，你还是可以找到他们，直截了当地问："这是我的作品集，您建议我去见谁比较好？"

见到同一个造型师的频率？

如果你的工作内容没有任何变化，那就没必要回来见我。但如果你有了新的任务，或者开始为另一家刊物打工，或你开始同时做男装和女装，又或者你为不同的品牌做了广告项目，那就太棒了。不同的客户会寻求不同的东西。有一些在寻求擅长做内衣造型的造型师，如果你之前没有做过内衣造型，但现在你如果有了相关经历，那就有必要让我们知道——要么来公司，要么给我们发邮件更新你的工作内容。

你期待造型师做什么？

他们需要知道自己在做什么，现在在流行什么，并且要与客户相处融洽。重要的是，在拍摄中要体现造型师的意见，不仅仅是呈现风格——一些公司会说："我们要这件衣服"——但我认为建议进行其他的尝试也是有益的，也就是体现一些造型师的想法，不要害怕直抒己见。

是否能够跟他们名下签约的造型师合得来。你能否填补他们已有造型师以外的空白领域，还是你的风格和另一名造型师的风格十分相近？你是否已形成一种风格或者你能够演绎多种风格？你与何种客户打交道？你是否与杂志合作？是否有一个引领你在造型职业道路上前进的愿景？

摄影师

摄影师会看重你打造优秀造型、挑选优质服装和模特的能力。你是否能成功地排列组合搭配？是否有一系列有趣的故事？摄影师会十分注重你是否与杂志有密切的关系，因为这可以为他们作品的发表提供现成的渠道。

妆发造型师

妆发造型师会关注你是否能够收集漂亮的衣服并做出好看的造型。你在时尚行业中是否有不错的人缘，和模特中介关系是否良好？是否有熟识的杂志？为什么类型的客户打工？

展示作品集中的图片

作品集中的照片应以反向时间顺序排列，也就是把越新的作品放在越前面。请确保作品集的内容流畅——以最富冲击力的作品开始，以强有力的作品结束。作品集的质量总是由质量最差的照片决定的。你的作品集和图片需要以最佳的方式来呈现你的工作，特别是当你不能在场阐释它们之时。

展示是重中之重——你的作品集需要看起来干净、整洁和专业。版式设计也至关重要，撕样或打印页需要整齐地排列。不要同时使用撕样和全出血打

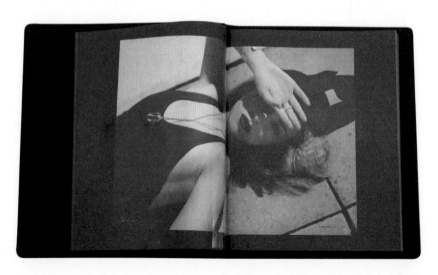

皮面作品集中的一张跨页撕样。

印——选择其中一个。如果你要用撕样，那就买三本包含你拍摄内容的杂志，一本用于留底，另两本用于裁剪，再放在作品集里。如果你选择打印页，不要插入日期信息——这样会很快就让你的作品集显得过时的。

不要真的把照片从杂志上撕下来——你应该压平书脊，用一把斯坦利刀小心翼翼地将图片裁剪下来。如果撕坏了，那就不要用这张。用裁纸刀将边缘裁剪平直，别用剪刀。要注意指纹的问题，一些杂志页很容易弄脏。如果你有一张跨页撕样，确保两页纸在作品集的孔洞处能严丝合缝地拼上，不要让两页纸分开位于每一面醋酸塑胶插页的中央。

图片不应用胶棒粘贴，而应该用醋酸插页固定，它们会随着时间而变得有些歪斜。保持醋酸插页的干净，在必要的时候更换。作品集靠前和靠后的页面是最容易老旧的，确保经常更替它们。

数字作品集

与其在赴约时拖着皮面本子奔走，你可以用一个 iPad 做替代，后者更轻便，更换图片也更简便。如果客户要求单独看看你的作品集，你还可以寄给他们。然而，到底给客户哪个版本的作品集需要谨慎斟酌：一些传统的客户更乐于看见并触摸一本漂亮大方的皮面本子，而另一些更热衷用当代科技来查阅你的作品。一个 iPad 作品集允许你依照不同的客户制订 10 个或更多版本的内容。

有许多网站可制作在线作品集（参见"参考资料"，第 196 页）。一个在线作品集方便客户在闲暇时浏览你的作品，并且可以囊括比纸质作品集更多的

iPad 的外壳可做定制，在展示数字作品集时加上私人的刻字，就像图中的塑料三明治公司（Plastic Sandwich）的这个例子一样。由凯撒·利马（Caesar Lima）拍摄。

瓦内莎·伍德盖特（Vanessa Woodgate）的在线作品集。

图片。然而，在赴约时，最好还是分别根据每一个客户的偏好来编辑你的作品集，因为你只有有限的时间对自己和自己的作品进行推销。

将最新作品上传到照片墙或者脸书这种社交媒体上也是不错的主意。但对于上传的内容要慎之又慎，因为潜在的客户随时可能看到你的作品。

建立一个网站

如果你不用线上作品集展示自己的作品，那么你就应该有一个网站。现在，建立个人网站是件非常容易的事情。思想泡泡（Thoughtbubble.com）是一个总部在伦敦的网站设计公司，其创始人兼首席执行官詹姆斯·莫尔特比（James Maltby）为我们分享了一些"增加点击"的指南。

小贴士

应在每一次赴约时都根据每一家客户的需求调整作品集或 iPad 作品集的内容，务必在面见客户前对客户进行调研。

概要

==

撰写网站概要时有三个关键步骤——你在这个环节上花的时间越多，组建网站就更容易、更快、更便宜。

1 你的受众是谁？你希望对他们说什么？你是要建立一个个人作品集网站还就是一个简单的单页在线商业名片？或者你想要一个虚拟的"步入式的商店"？无论你想要建构什么类型的网站，始终把受众放在心中，并尽可能清晰并简单地对他们"说话"。

2 你喜欢什么类型的网站？把喜欢的网站——风格和感觉——列个清单。尝试找出它们优秀的原因，把吸引你的或者你想要模仿的部分单挑出来。你有可能喜欢这个网站的导航栏，或者另一家的布局，尝试找出一系列你喜欢的网站，不要受某一个来源的影响过深。你还会渐渐发现你不喜欢的部分以及时兴的"潮流"。

3 列一个"购物清单"，列出想要在网站中呈现的功能，再将它们分为两块（在目前阶段，它们只需要几个字、几句话甚至几段话的要点）：必要的功能（面包和牛奶）和奢侈品（牛排和香槟），我这样讲的意思是要保住必要品清单上的"必要"功能，将有所裨益的功能以及实现它们所需的技术、预算和时间挪到奢侈品清单上去。

所有的网站最起码也要有一个有联系信息的模块（网站可以只有一页，用于展示邮件地址和／或电话号码）。一个功能齐备的、包含必要内容的网站应包含：能够激发兴趣的、足够多的个人信息，一个展示你能为读者提供什么服务的平台（少许图片或素描，一整套作品集或者甚至购物车中的全部内容），还有你的详细联系信息。额外的"奢侈"功能可以包含一系列的客户推荐信、博客或从媒体剪切出的内容。

==

架构

==

虽然通过以下这几个简短段落，你不可能掌握架构网站的艺术，但你依然可以学到大有裨益的几个关键步骤和程序。带着这些知识，你应该可以自学使用托管型在线网站工具，例如博客系统（wordpress.com）或者是像抓普网（drupal.com）这样的自助工具，或者也可以给你的网页设计师下任务了。

1 **必需品**：购买一个能够指向你的网站的网址（域名）。使用你自己的名字或你公司的名称，花钱购买，同时使用你的邮件地址。这将是你的品牌和网址。

2 **必需品**：虽然你有作品的高清图片，但确保你在上传前进行了"为 web 应用保存图像"这一步。纸质内容需要有 300dpi 以上的分辨率，但电脑屏幕只能展示 72dpi，所以需要调整图像大小，这样可以使得图片更小，上传更快。照片应存为 .jpg 格式，而图形图像（图标、导航、地图等）应存为 .gif 或 .png 格式。

3 **必需品**：在写网页版内容时，采用 KISS 法则（Keep It Short and Simple，保持简

洁）。使用短句，将大量的信息删减为要点。请记住，你只有很短的时间去抓住"消费者"的兴致，如果在首页看到一篇长篇小说，那他们会转身而去的。

4 必需品：使用三次点击法则（3-click rule），在设计网站的结构时，确保在网站中从任何一页到另一页的点击次数不能超过三次。如果点击超过三次，访客将会离开。

5 你需要有一个编辑的通道（添加新的文本、图像，更新模块），利用一个内容管理系统（CMS）。如果你是在网站开发公司的帮助下搭建网站的，他们会在这一块上收费，那就转身离开，寻找下一家。现在这个系统早就成了标配。

6 用谷歌分析（Google Analytics）查看什么人访问了你的网站，他们看了什么内容，他们又在何时离开。要不自己做这件事情，要不就请网站设计师来做。

7 "奢侈品"：制作一个自适应网站。简要来说，这是一个对于同样的内容和不同访客能够加载不同框架的网站，取决于访客使用的是网页端、平板端还是移动手机端来浏览。

8 记住第 5 点，不要使用 FLASH——在某些网站上它看起来很酷，但在苹果系统移动端是实现不了的。

==

发布之后

前几年，有一个关于被遗弃的小狗的广告标语："每只狗都是一个生命，而不是圣诞礼物"。同样的话也可以说给网站：它们需要长期的照料，是一个严肃的任务。它们毕竟是你自己的商铺，营销着你自己。发布网站只是一个开端——它至少是浩瀚的网络世界中的又一扇"橱窗"。你需要让人们走进你的商铺，让他们持续关注，并寄希望于他们能够认可你的品牌。

推广网站真的只有两种途径，二者相辅相成：搜索引擎和口口相传。在所有的地方都印上网址：信头、邮件签名栏、商务名片、册页、T 恤。告诉你的朋友们、家人、同事和陌生人：起码一两个人一定会造访你的网站，一些甚至会停驻并购买你的服务。谷歌分析会辨别口口相传访问的用户，因为后者是直接输入网址的方式访问，而不是用搜索引擎。

另一个不错的自我营销的途径是通过社交网络：在脸谱、推特、谷歌 +（Google+）、汤博乐、照片墙、雅虎网络相册（Flickr）、领英（Linkedin）、优兔（YouTube）以及任何你能找到的地方建立账户和页面，将它们与你的网站链接。社交网络上的粉丝会成为口头宣传你网站的特使，下次再有人问起关于杰出的时装造型师时，你的网址很可能会被贴出来。

让网站成为你的日常工作，持续更新，保持新鲜。访客只需要通过网站的风貌就能立刻判断出你是否勤勉、刻苦工作了。

第八章　拓展人脉

在你成为一个经验丰富、客户众多的自由时装造型师前，你需要依赖你建立的个人关系。借助做助理和试拍（参见第四章和第六章），你可以结识其他造型师、代理、摄影师、发型师、化妆师和公关。这一章聚焦于如何建立有利的联系和关系，打造个人联系人资料库，为未来的工作积累潜在资源。

建立人际关系

如前两章讲述的，从助理晋升为造型师的关键步骤是进行试拍，以及经年累月地积攒材料，以丰富你的作品集。做造型助理的经历可以为你打开结识业内人士、与业内人士共事的大门，从而可以帮助你实现上述目标。特别是公关人员，他们会开始相信你，开始允许你借装。一旦你的作品集打造成功，你就可以出发，开始与艺术总监、卖家和代理会面了。

你应该经常尝试与人们进行面对面交谈——设计师、精品店经理，尤其是公关，这样他们有更大的几率借装给你，同样的道理也适用于面见潜在客户。这样一来，在求职的造型师寄来的无穷无尽的皮面本中和源源不断的造型师、妆发设计师、摄影师的网站中，你的面孔会脱颖而出。客户也需要知晓他们是否能够在个人层面上与你合拍——你的作品集可能很棒，但你若没有强大的沟通技巧，那并不是一件好事儿。

社交是至关重要的：寻找社交活动、免费的见面会和工作坊，这些场合里人们会聚集在一起分享观念和专长。无论什么时候，在面见新结识的人时，尽可能多地尝试挖掘他们的信息、记录他们的详情。通告单通常是一个有用的信息来源（见第 42 页），创意人名录和互联网亦然（见第 139 页）。下一页是一份必备的联系人名单，你可以尽可能多地添加信息：联系方式；助理、代理、经纪人、客户、媒体联系人的名字；工作、设计师和客户类型；商店专卖店的详情等。

山姆·威尔金森身穿皮埃尔·嘉露蒂（Pierre Garroudi）的针织连衣裙，萨斯与拜德鞋履，佩戴米莉·施怀雅珠宝，由丹妮尔·格里菲斯造型，萨拉·路易斯·约翰逊为《康珀尼》杂志拍摄。

✖ 摄影师、造型师、发型师、化妆师、美甲师、道具师、助理、代理或经纪人

✖ 设计师、配饰设计师（鞋、包、帽、首饰）、公关、商铺（高端、高街、百货商店、精品店）

✖ 非商业客户、杂志、编辑、时尚编辑、时尚总监、预定编辑、图片编辑、广告制作人

✖ 广告客户、广告公司、艺术总监、艺术买手、产品经理

✖ 音乐客户、音乐公司、媒体发言人、管理公司

✖ 名人客户、名人中介

✖ 图册客户、电商产品经理

✖ 制片人、走秀制片人

✖ 模特、模特公司、经纪人

✖ 工作室、外景公司、道具公司、灯光租用公司（同时也可以租用展示架、衣架、蒸汽熨斗、熨斗和熨衣板）

✖ 服饰供应商或服装租赁公司、好裁缝、干洗店

✖ 图像印制公司、相片冲洗公司、插画家

✖ 快递公司、出租车公司、租车公司

✖ 网页设计师、会计

就像在第六章中所探讨的，参与试拍是认识业内同行、建立人际关系的绝佳时机，例如摄影师、妆发造型师和模特。

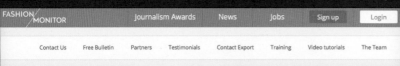

在线创意人名录包括模代在
线（Modem Online）、日志
名录（Diary Directory）和时
尚监测（Fashion Monitor）。

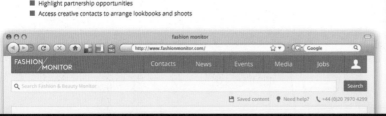

创意人名录

创意人名录罗列了创意行业从业人员的具体联系方式和职务（参见"参考资料"，第 195 页）。他们为这些最新的信息收取高额的费用，因为信息会随着人们跳槽而迅速变化。在成为一名自由时装造型师后，你应尽快把自己的联系方式列入这些人名录和在线造型资料库中——你永远也不知道什么时候什么人会在寻找造型师时浏览这些信息。添加自己的信息是免费的，只需要给对方打电话或发邮件。

做研究

在准备联系或面见你期望共事的人和公司之前，首先都应做好研究工作。可以通过浏览杂志、看电视节目或在线阅读相关资料的方式做研究工作（见第六章）。除了时装杂志外，还可以关注那些符合你风格和职业发展方向的广告公司和音乐公司。看看这些杂志或影片制作人、造型师、摄影师和模特都与什么人合作过，你是否喜欢他们的公司和网站，是否喜欢他们的工作和风格，它们所做的工作内容是否是你想做的并有能力完成的。

可以通过网络找到大量的信息，比如在某一个广告项目中，有哪个摄影师、造型师和模特曾参与其中？哪个乐队经理人和造型师参与制作了某音乐录影带或专辑封面？你的目标是找到造型线索和视觉参考信息，进而找到广告公司、乐队经理和摄影师。观看优兔视频和全球音乐电视台（MTV），熟悉你想要合作的导演，熟知是谁为最热门的乐队拍摄了最新的录影带。联系他们，汲取他们这些拍摄中的灵感。

致电

整理出一个有用的热门联系人名单，做足一切关于他们的功课，这之后就可以开始打电话尝试约见了。这绝不是一件简单的事儿——给时尚、音乐或广告圈的人士打电话看起来令人生畏，但熟能生巧，所以不要放弃。如果接线员不能把你的电话转给你想要联系的人，他们通常会让你选择留下一条简讯或语音消息。询问对方的邮件地址也是值得一试的，但同时要清楚，信息保护法是不让接线员在电话中透露人名或具体联系方式的。如果你有对方的邮件地址，那就把你的联系方式通过邮件发过去，并通过电话进行后续沟通，这样对方就能明白你和你能做的事情了。

如果你把一名艺术总监的姓名搞错了，不要紧，因为通常你率先遇到的会是他们的秘书、经纪人、助理或实习生，他们会给你指明正确的方向。不要小看一名助理——他们也是刚刚起步。把你的简历发送给助理后，后者也会看其中的内容，如果他们喜欢，会向艺术总监提及。把这名助理加入你的人选名单中，在有新工作内容后也给他发一份。

如果遇到了难以联系的对象，但被告知了具体的回拨时间和回拨方式，请严格遵循指示。然而，请做好持续给他们打电话的准备——这是一群大忙人，有可能需要数月才收到回复（但如果他们告知你不要再打电话了，那就请停止）。在过程中，应该引入少许触点（touchpoints），比如在邮件中附上艺人资料卡，作为你工作内容的提示。只要你坚持不懈，终将约见到对方。

进度报告

记录何时和谁联系过以及他们的回复是一个好主意。下面是一则例子：

小贴士

在面见客户后，请思考如何才能把你的作品留在对方的脑海中。寄送一张感谢卡是一个不错的提示，因为它们通常都会被留在客户的桌子上，而不是被钉在板子上或被扔进垃圾桶。

进度报告（简述）

公司	联系人	打电话的日期	与目标联络人对话	给目标联络人发送邮件	给予的建议	预约会面
睿狮广告（MullenLowe）	萨拉·比德斯 艺术总监 邮件和电话号码	5月4日	√	√	十分繁忙，在7月22后回拨	
硝基数码（Nitro Digital）	阿曼达·马龙 艺术总监 邮件和电话号码	5月4日	√	√	未来两周内看作品集	5月18日，上午11:00，地址
尚奇广告（M&C Saatchi）	杰迈玛·罗恩 艺术买手 邮件和电话号码	5月4日	×	√	联系艺术总监安雅·格蕾丝（电话或邮箱）	
尚奇广告（M&C Saatchi）	安雅·格蕾丝 艺术总监 邮件和电话号码	5月4日	√	√	下周内看完作品集，预约见面	5月11日，下午12:30，地址
全球音乐电视台（MTV）	莱尔·马利根 制作人 邮件和电话号码	5月4日	√	√	在九月前不约任何人见面，九月中旬回拨	
博登（Boden）	珍妮·琼斯 艺术总监 邮件和电话号码	5月4日	√	√	三周内会面	5月25日，下午3:30，地址

除了这个，你应保有一个更具体的版本：

进度报告（完整）

公司或客户	联系人	进行情况	日期
尚奇广告（M&C Saatchi）	安雅·格蕾丝 邮件和电话号码	被邀请参与下一个项目，为一家鞋履公司拍摄广告。	5月11日
博登（Boden）	珍妮·琼斯 邮件和电话号码	看了我的作品集，会在十月参与他们的工作。	5月25日
睿狮广告（MullenLowe）	萨拉·比德斯，艺术总监 邮件和电话号码	让我在7月22日给她回拨。按期回拨，但她很忙。邮件中附带发送了艺人卡。于8月3日再次致电，对方喜欢我的作品，希望在9月再次见面。让我在9月10号前后再打电话。	8月3日
全球音乐电视台（MTV）	莱尔·马利根，制作人 邮件和电话号码	展示了作品集，对于共事很感兴趣，有可能在10月会有一个营销类的项目。	9月14日

这是一个需要不断填充的名单，你应每周一次地更新其中的内容，直到你能够雇一个代理为止。在工作之余，每周留出数小时过一遍名单，然后打电话。

见面

如上文所述，约见一家机构——广告、音乐、时装或图录客户——是极为困难的，需要不屈不挠的精神。一旦你迈进大门，并保住了一个难得的约见机会，就需要知道如何以最佳方式去展示自己和自己的工作。你应该已经做完了功课，应该不仅仅能够开心地讲述自己的作品集，还能够就所造访的公司正在进行的工作项目进行探讨。告诉对方你能以何种方式为他们服务，你要表现得自信，但不要过头，对于聊天的内容要表现得偶然得知一样。

不论你的个人风格如何，确保你能做到有板有眼、态度端正。对于在百忙之中抽空见你的人先表达感激，再介绍你的作品集。对于如何介绍作品集中的每一幅照片都要慎之又慎，对于内容永远保持乐观——不要说起作品集某张照片出错的地方，因为客户会对为何将它囊括其中的缘由产生疑问。在泛泛地说起图片和拍摄中的出错时，不要退缩，讲述你是如何纠正错误的——客户总是喜欢去了解你是如何在特定情况下排忧解难的。

在会面结束的时候，始终询问对方一个问题，"为什么你不愿意雇佣我？"这可能是一个很开放的问题，但无论回答是什么，都可以反映到作品集、工作中和你自己身上。它可能是负面的，但脸皮要厚一些，把它转变为优势。只要它们是建设性的，你就可以采纳这些意见，用它们来辨别你的优势和弱势。如果对方告诉你，他们是因为作品集中的某些图片而退却的，务必询问是哪一张和个中缘由。如果你去应聘却未能成功，过几天再打个电话，询问下反馈意见是无可厚非的。

如果曾经见过一名艺术总监或产品经理，去向他们展示自己的作品集，没有什么能够阻止你再次联络他们，特别是当你有了新的工作内容时——这是一种建立工作关系的良好方式。但要持续做功课：对方的公司可能有一支新广告或音乐录影获了奖项，在谈话期间提及这一点，是你真诚地想为对方公司或客户服务的表现。

贝尔·詹纽瑞（Bel January），
睿狮广告高级创意制片人

www.mullenlowelondon.com

你是如何定义时装造型师的？

是我信任的工作伙伴，与摄影师紧密合作、为广告打造对路的搭配、营造合适的感觉的人。造型师负责置装、为模特穿衣搭配以及归还没用的物品。此外，我期待他们在业内有着广泛的人脉。

造型师的什么特质会打动你？

一种"乐观进取"的态度——也就是无所不能。

谁是广告公司里造型师最应该联系的人？

可能是艺术买手，艺术总监也应该试试。

你希望在造型师的作品集中看到什么？

他们参与的广告拍摄和非商业内容。一本一丝不苟的作品集是作者本人细致认真的最好体现——狗啃一样的撕页肯定是不行的。探讨他们与什么人在哪里拍摄了哪支广告也是不错的主意。拍摄的难点在哪里？他们是如何克服难题的？我们总是喜欢聆听他们的解决之道。

是否有推荐的网站？其中列举了谁拍摄了哪支广告，对方广告公司和艺术总监又是谁。

对于这一类的信息，我总是会去乐书在线（www.lebook.com）。

在进行某个项目时，你希望造型师做什么？

一系列可供挑选的造型——远超规定所需要的选择。虽然某些套装或配饰需要提前获批才能拿到，但在拍摄当场，变化在所难免！我也希望造型师能够准备好服装、穿搭好模特、将道具分类并且确保一切都井井有条，他们务必要听从摄影师的指挥。我需要确保没用的东西会被归还，避免让客户产生任何额外开销。

对于年轻造型师，你有什么建议？

我建议年轻设计师紧跟并领悟当下潮流，做好迎接超出常规任务的准备。

第九章　经营自己的业务

若要成为一名职业造型师，需要掌握经营企业的全部基础知识。在英国当一名自由造型师意味着你是一名个体经营者，即使你可能是通过一家代理或是作为造型师助理在为某公司做项目。在第二章里，我们探讨了薪酬、预算和花费的区别，温习了在拿到工作机会后需要询问或考量的问题。在这章里，我们会侧重财务和行政层面，包括商讨薪酬、制定预算，还包括税务相关的建议和信息、簿记、维持现金流、保险以及其他核心的商业诀窍。

注册为个体经营者

在英国，要注册成为个体经营者，你需要在成为自由造型师（见"参考资料"，第 196 页）的第一时间，向英国税务与海关总署（HM Revenue and Customs）报告。你会被要求提供关于你和你公司的信息，比如你的名字、出生日期、联系方式、英国国家社会保险号、纳税人唯一编号（Unique Taxpayer Reference，若有）以及企业经营类型。

法律规定，你需上缴所得税以及英国国民保险税（National Insurance Contributions，逾期注册和逾期 / 漏缴税款会导致处罚）。纳税年度从 4 月 6 日开始至次年的 4 月 5 日。超过个人免税额度（2016 至 2017 年的额度是 11,000 英镑）以上的所有收入都会被征税。作为独立运营的个体，你或你的会计每年都需要填写一个自我评定表格，网上填写的截止日为 1 月 31 日，纸质的截止日为 10 月 31 日。这是向英国税务与海关总署证明你已经计算了自己的税额。英国国民保险税关乎你的退休金、福利和医疗保险；依照法律，你需要通过银行储蓄账户每月或每季度支付它。

除非你的收入超过了增值税登记门槛（2016 年是每年 83,000 英镑），否则不需登记缴纳增值税。

簿记

根据法律，你需要将经营的财务状况以及其他任何形式的收入记录入账。据此，你能够填写退税申报单并证明数字都是准确无误的。若作为个人经营者，则需要保留近五年的账目（如果登记缴纳增值税，则需要保留六年的）——税务机关可以在任何时间要求审计你的账户，因此，找到一个适合的簿记系统至关重要。全面地记录信息可以省时，使你的经营更加高效。

山姆·威尔金森佩戴米莉·施怀雅珠宝，由丹妮尔·格里菲斯造型，萨拉·路易斯·约翰逊为《康珀尼》杂志拍摄。

你需要保留：

✖ 薪酬、花费和预算的发票

✖ 客户或代理的账目报表

✖ 为某个项目购买产品的收据（原件或复印件）

✖ 经营开销的收据（原件），如：杂志、文具、工具箱、研究花费（展览或影院门票、书籍等）、拍摄使用的服装和化妆品

✖ 差旅开支的收据，如：旅费、油费和停车费

✖ 银行对账单或房屋信贷互助会报告书，支票存根和缴费通知单

✖ 代理产生的快递费用开支（给客户寄作品集产生的）

✖ 水电账单（如果你在家工作，其中的一部分花费是可以免税的）

✖ 手机话费 / 固定话费 / 宽带费用

✖ 假如你是一个音乐造型师，需要观看音乐录影，那么电视执照和有线电视费可以算作商业花费

薪资谈判

如第二章所示，在拿到一份工作邀约后，你需要尽可能多地检索这份工作

盖尔·阿诺德（Gail Arnold），会计师

对于自由造型师而言，什么时候就该请一个会计了？

越快越好。大多的建议在你刚启动之时就能用得上，好的建议拖到太晚等于没给建议。

每做一个项目，自由造型师应留下多少钱？

若年营业额为 25,000 英镑，你应留下 25%，这比税金要多，因为你的第一年的税款远比第一年的利润要多（第一年的税款加 50% 等于第二年的税款）。

对于自由造型师来说，如何降低会计事务的开支？

客户越规矩，资料越有序，会计的费用越低。

的相关信息。一旦你咨询了所有的必要问题后（见第 25 页），就该谈钱了。这或
许是一个令人恐慌的时刻，你要价多少？是否要得太高？是否开始谈得太低？如
果你不确定，就要求在半小时左右给客户回电话，这样你就有时间查阅资料了。

　　开始谈判时，提一个合理的高价，然后再降价——因为向上要价要难得
多。通常，你的准备日的薪酬是拍摄日的一半。请牢记，你的开销应包含在
内。准备回答如下问题：为什么你应被支付你所要求的薪资，为什么你需要特
定天数的准备日，需要为多少艺人或模特搭配服装等。你通常没有额外的一天
用于归还样衣，但可以尝试去申请一天。这一天通常是准备日薪资的一半。

　　如果客户提供的薪资很低，请将未来可能合作的机会考虑在内。如果这是
一家好的商业公司，它们开头的付费可能会很低，但如果你用很少的费用就完
成了很棒的任务（见证奇迹的时刻！），它们或许能把你收入编内并给你派遣大
量任务，这就是进一步提高薪酬的时机了。值得一提的是，杂志的费用很低：
你的薪资应包含所有的开支和退换费用，但最多也不过如此。就把它当作是你
个人和作品集的一次良好的公关行为——你的照片也刊发了，名字也登了。

　　如果拍摄超过了商定的预约时间（通常一天 8 小时，从上午 9 点到下午 6
点，中间有一小时午餐时间），你还应该考虑是否去协商加班费。不管加班与
否，大多数的客户希望以统一的价格标准雇佣你，所以如果你刚开始起步，如
果还想再次和客户合作，最好不要额外收费。加班主要出现在电视广告和音乐
录影的拍摄当中，因为拍摄时间会拉得很长，最少 12 小时。如果你决定索要
加班费，你应该根据原有的薪资标准，在规定的 8 小时以外，按小时收取费用
（所以时薪是 500 英镑 ÷8 小时 = 62.50 英镑 / 小时，或者再乘以 1.5 倍，就
是 500 英镑 ÷8 小时 = 62.50 英镑 × 1.5 = 93.75 英镑 / 小时）。

自由造型师的薪资标准

* 参考广告制作人协会（Advertising Producers Association）2014 年的标准

===

非商业

| 杂志 | 每个故事 0—900 英镑或 50—120 英镑 / 页 | 杂志工作是你展现作为造型师才华的舞台，寄希望于艺术总监、制作人或摄影师能够看到你的工作，愿意雇用你。 |

广告

纸质或静态广告	准备日 250—900 英镑，拍摄日 500—2000 英镑	经验丰富的造型师：500 或 600 英镑 / 张照片，准备日减半。
高端纸质广告	拍摄日 1000—2600 英镑（或以上），准备日比拍摄日少 20%	高端造型师：1200—2600 英镑，准备日比拍摄日少 20%。
软广告	准备日 150—200 英镑，拍摄日 200—400 英镑	高端广告造型师可以拿到最多 1000 英镑 / 日的薪酬。他们通常会自定标准，取决于对方是一个高端时装商业公司，还是一线名人代言的香水广告，还是造型师自己荣获过奥斯卡奖。这些费用都是一次性的——可能发生，但并不常见。
电视广告	350—1500 英镑 / 日 * 造型师 388—483 英镑 / 日 * 服装设计师 420—520 英镑 / 日	
高端电视广告	拍摄日 600—3000 英镑（或以上），准备日比拍摄日少 20%	
互联网广告	300—600 英镑 / 日	

走秀

| 官方或非官方日程，年轻设计师和顶尖设计师 | 0—30,000 英镑 / 场 | 走秀的薪资从无偿到每场 3500 英镑。然而，大牌造型师可以在伦敦官方或非官方日程的走秀中拿到 15,000—30,000 英镑的薪酬。设计师越酷，薪酬越低（如果有薪酬的话）。这与排名无关，而是关乎品牌的时髦程度或当下的热度。 |

音乐

新乐队	录影准备及拍摄共 150—200 英镑（新晋造型师与不知名的乐队合作）	音乐推广类似于非商业内容制作——你无偿工作，有些时候还要自己搭钱，全都是为了个人公关。把它看做一个展示作为造型师的自我才华的展示空间，寄希望于艺术总监、制作人或摄影师能够看到你的工作，愿意雇用你。新晋音乐人的预算极低，整个拍摄可能只有 200 英镑预留给造型师。对于经验更多的造型师，350 英镑是一个普遍的标准。高端造型师会自己定价，再次申明，他们会收取天价，但也十分少见。
老牌流行乐团或乐队	准备日和拍摄日 200—*483 英镑 / 日（低成本音乐推广录影）	
知名流行明星，独立艺人、乐团和乐队	准备日和私人采购日为 350—500 英镑 / 日 拍摄日和电视推广日为 500—1200 英镑 / 日（这是经验更丰富的造型师的标准）	
高端流行明星、乐团和乐队	800—1500 英镑（或以上）/ 日（食物链顶端的造型师）	

| **图册** | 准备日 150—400 英镑 / 日
拍摄日 250—600 英镑 / 日 | 图册客户一般全年都有任务，当下，拍摄图册的薪酬极端地低廉——只有少数客户仍愿意支付高价。 |

| **电子商务网站**
在线图册 | 200 英镑 / 日 | 如果你在起步时能拿到这种工作，它不失为一个可以谋生的途径，因为对方会周而复始地不断拍摄，你还可以与不错的摄影师共事。 |

| **电影** | 300—1000 英镑 / 日（服装师） | 取决于剧装设计师是谁以及电影的预算多少。 |

| **电视服装** | 400—1500 英镑 / 日 | 取决于电视服装设计师是谁以及电视剧或游戏竞赛节目的种类和预算有多少。 |

搭配手册	0—1000 英镑 / 日	按季拍摄，秋冬季或春夏季。取决于设计师是谁和预算有多少。
名人	500—2000 英镑 / 日	取决于名人是谁，照片在哪里刊发。薪资可以上调，但主要是在美国。
私人买手	最低 25 英镑 / 小时	针对普通大众客户的私人买手按小时收费。

走秀造型的薪酬悬殊极大，
但一个好的经验法则是，品
牌越时髦，薪酬就越低。

自由助理的薪资标准

作为自由助理，你不能期望总是能够拿到报酬，但你的开支应能被报销。与自由造型师合作，你应该最多能拿到每天 250 英镑，但为一家杂志做见习，应该只能报销路费。作为长期实习生，你应该能拿到最低工资，但只有少数杂志提供这样的机会。

和自由造型师的薪资标准一样，下表中的工资全部都是大约的数字，目的是为你提供一个要价的参考。

* 参考广告制作人协会（Advertising Producers Association）2014 年的标准

长期实习（杂志）	报销开支，或许有最低工资	一份长期实习的机会使你可以了解这份工作和杂志的运行机制（参见第 62 页）。如果幸运的话，你还可以拿到最低工资。
一般助理（自由）	50 英镑 / 日 / 份工作	全部取决于工作的类型：如果有预算，那你就能拿到酬劳；如果没有预算，就把它当做经验积累吧。
非商业（自由） 杂志	开支—50 英镑 / 份工作	造型师或许也就拿一天 50 英镑或者每页 50 英镑的酬劳，或者什么都拿不到。非商业的项目是造型师的一个平台，对于你来说，就是把名字印在杂志上的一个机会。
广告（自由） 静态 电视广告	50—200 英镑 / 日 *256—298 英镑 / 日	取决于广告类型，准备日最低 50 英镑 / 日，静态广告的拍摄日至多可以拿到 200 英镑 / 日。 电视广告的费用与广告制作人协会的商业广告的标准一致。
走秀（自由）	0—50 英镑	很可能什么也没有——只能获得经验，或许能报销开支。
音乐（自由）	50—250 英镑 / 日	准备日 50 英镑，拍摄日 100 英镑。如果在造型师不在时，你还需要照看乐队、乐团或艺人，那应收取 250 英镑 / 日。有可能你会接到巡演推广活动，造型师会在期间挑选演出服装，音乐公司需要一个人来负责运送服装、蒸熨衣服、协助艺人穿衣。那么这样，你的薪酬应为 250 英镑左右。
搭配手册（自由）	50 英镑 / 日（准备日和拍摄日）	取决于客户是谁——越时髦的品牌报酬越少。
电视 每日节目 连续剧	150 英镑 / 日 实习生：250—400 英镑 / 周 后备人员：500—800 英镑 / 周 主管：800—1100 英镑 / 周	电视助理 实习生、后备人员、服装或剧装助理、服装帮手、服装管理员、服装设计师助理

制定预算

如果你接手的项目对方是广告或音乐客户，你会被要求制定预算。这里边包括了研究工作任务单、落实需要为多少人穿衣搭配、确认着装的风格。这之后，你要估算每一件服装要花费的钱，包括鞋和配饰。

在考虑置装预算前，过一遍第二章中提及的问题（跟进任务单，第 29

页），做一些笔记。许多客户会让你当场计算出所需的预算，但不要着急去报。如果你的报价听起来很美好，那他们就会希望你严格遵守预算。如果你低估了预算，那就是你的问题，而非他们的问题了，所以，花一些时间衡量所有的信息——从你的问题中和任务单中获取。安排在几个小时后给客户回电话，这样就有时间去计算花费了。

一旦你拿到了全部信息，研究了所有需要的搭配，你就可以做出一个预算了。为你的预算需求做好说明的准备——如果对方提供的预算或经费并不能达到你估计的数额，或者与你预估的钱数相去甚远，你一定做好转身离去的准备。请记住，如果预算超支，你将成为自掏腰包的那个人。

广告客户的预算成本

你可能会收到这样的一份任务单，要求你为广告中出现的八名不同的角色造型，每人做一身搭配。预估的成本如下文：

✖ **夜店舞者：**100—150 英镑

✖ **日本时装系学生：**400 英镑

✖ **披头族：**100 英镑

✖ **地狱天使摩托帮成员：**550 英镑

✖ **嬉皮士：**250—300 英镑

✖ **艺术评论家：**250 英镑

✖ **拳击手：**180 英镑

✖ **学者：**150—200 英镑

以上的成本约为 2130 英镑，凑整之后，在这个例子中就作 2500 英镑。这样一来，如果你有一点点超支，就还能应付得过去。

音乐客户的预算成本

任务单要求为一个三人少女团体做三套造型。如果组合十分知名，那就可以利用对方的名人地位找公关借样衣。如果她们是一个新晋团体，你是否还能借来样衣？如果公关批准借装，确保姑娘们符合样衣的尺码，如果不符，那就需要购买服装了。

✖ 拍摄 3 张照片要求 3 名女孩每人 3 套搭配 = 9 套完整搭配

（任务单要求全是连衣裙）

✖ 连衣裙 ×9 件 ×（60—120）英镑 / 件 = 1080 英镑

✖ 鞋 ×9 双 ×80 英镑 / 双 = 720 英镑（虽然你有可能只需要为每个人准备一双鞋）

✖ 配饰或珠宝 ×9 套 ×30 英镑 / 套 = 270 英镑

✖ 内衣或塑形衣 ×3 件 ×40 英镑 / 件 =120 英镑

✖ 袜子 ×9 双 ×（10—20）英镑 / 双 = 180 英镑

　　这些总计大约 2400 英镑，约等于每一套搭配 270 英镑。依旧还是制定一个偏高的预算，在这个例子里就做 3000 英镑。一旦预算定下来了，请确保一定将花费控制在预算内。如果管理层要求额外的任务，让你的代理或者唱片厂牌或唱片公司管理层即刻知晓：这会影响你的预算。把他们要求的额外单品以及你需要的更多的数额书面落实下来，你不会想要自掏腰包的。如果仍有结余，可以算是意外之喜了。

全套费用

　　有些客户会支付全套费用，这并不奇怪，意味着客户提供的金额总数覆盖了所有的服装、道具开支，还有助理和你自己的酬劳。在为音乐录影做造型时，你很可能能拿到全套费用，在此情况下，你应格外谨慎。

　　例如，你拿到了一个 3000 英镑的、为五名乐队成员做音乐录影造型的全套费用。这个数字听起来不错，但它包含了 3 至 5 天的准备时间（包括试装），1 天拍摄，1 天退还样衣，10 套搭配（5 名姑娘每人 2 整套衣服）。在一个 7 天的工作中，你每天的底薪至少是 200 英镑，这就已经是 1400 英镑的费用。对于一个一周的工作而言，这听起来或许很贵，但作为造型师，你理应拿到 250 至 500 英镑的日薪，在拍摄日日薪高达 600 至 800 英镑。于是留给置装的费用只有 1600 英镑了，也就是 10 套衣服，每套衣服各 160 英镑，如果还要加上鞋子和首饰的话，那么经费就不怎么多了。你可以要求艺人自带私服，你也

为奥兰·凯利（Orla Kiely）伦敦时装周 2014 春夏进行拍摄。

可以带些你的私服。如果你和公关的关系不错，对方可能会提供帮助，但如果乐队都是新人，情况就不一样了。

务必再三考虑你自己的薪酬，这样确保该项目值得放手去做。同意接手可能会通往更多的机会，音乐录影是不错的经验，但赚得不太多，除非你和乐队一起去巡演。如果你是一名刚起步的造型师，那么试拍或非商业录影可以提供一个丰富视频作品集的机会，还能增加与乐队合作的经验。当然，你如果幸运的话，还能结交一些十分重要的人脉——要么就是大型音乐公司中的某人，要么就是比你做得大做得好的同行。

确认工作

一旦敲定了你的薪酬、置装费，还有拍摄日和加班工资后，拍摄前还有几样事情需要写下来。第一、客户的支付周期——30 天是标准时间，但在实际中，你有可能要等上 3 个月。同时，与客户确认：在启动准备工作前，将服装预算的发票寄给客户，从而预支置装费，最好以现金的形式。在敲定这一步前，不要尝试启动——请牢记，大多数在第一年失败的企业都是败在了资金流短缺。

如果你的客户是一家大企业，在这个阶段，对方会提供一个作业编号（Job Number）和订购单（Purchase Order）或订单编号（PO Number）——为了使你的发票通过审批，务必将它们放在你的文件中。作业编号说明了你被要求做的工作，而订购单是批准启动项目的证明。如果没有订购单，订单编号通常也可作为启动项目的充分证明，一旦项目完成，拿着订单编号去开具发票。在理想状况下，你在开始工作前就应拿到订单编号了，但现实中其实很少见。

如果客户还没发送概述协定条款、薪酬和预算的确认邮件，请不要推进工作。确保检查客户的条款和条件，因为某些情况下，不管你个人的条款和条件如何，对方会规定在收到发票 90 天后才会支付报酬。此外，你应起草一个艺人确认合同（你自己作为艺人），发送给客户，在客户签后返还给你。这是一个标准操作——是你被客户雇佣的证明，也保障了你个人的条款和条件以及项目的酬劳。当我刚开始做造型师时，我对确认函、条款和条件一无所知，我只是完成工作再寄送发票，但很短时间之后，我发现了所有这些步骤对于我的公司的重要性。尽可能地保障自己，明确项目出差错后的具体支付方。下页为一个示例表单再加上样本条款和条件（通常印在表单的背面）。如果你有代理，代理会代表你寄送这样的一个表单，并在其中标明他们的收费比例以及增值税成本。

造型师姓名   地址
                                                                    手机号码
                                                                    邮箱地址
                                                                    网址

2016 年 6 月 8 日

艺人确认函
在本函签署并归还至本人前，约定不被视作已确认。
逾期费和取消费适用。

艺人	造型师姓名和职务
项目日期	准备日：2016 年 6 月 9 日，拍摄日：2016 年 6 月 11 日
客户	伦敦芮谜—丽贝卡·肖
账单地址	伦敦，圣约翰街 5 号，圣乔治屋 SW19 4DR
作业编号或订单编号	（由客户提供）
电话号码	（客户的电话号码）
摄影师或导演	保罗·马修斯，电话号码
外景地或影棚	伦敦春天街 10 号春天屋春天影棚
（有时直到拍摄前一天才确认）	
拍摄开始时间	2016 年 6 月 11 日，8 点至 18 点
协定日单价	准备日 250 英镑 / 日，拍摄日 500 英镑 / 日
助理费用，开支	准备日 50 英镑 / 日，拍摄日 100 英镑 / 日，外加 15 英镑的开支
开支	150 英镑（不是所有的开支都覆盖）
置装费	500 英镑
差旅天数	无（如果需要 1 天才能到达外景地，差旅日的薪酬为拍摄日的一半）
工作时长和加班	拍摄日 8 点至 18 点，加班费以 1.5 倍薪酬计算
代表签名	（由你的雇佣方签名，在这个例子中就是丽贝卡·肖）
公司名称	伦敦芮谜
艺人薪酬	750 英镑
助理费加开支	165 英镑
艺人开支	150 英镑
置装费	500 英镑
待开具发票的费用总计	**1565 英镑**

条款：严格按照开具发票后 30 天之内付款
参见次页的条款和条件

条款和条件
    确认函中规定的金额为临时数额，可能会发生变化。所有的成本变动在第一时间与"客户"（客户的公司名称或广告公司或产品公司）进行探讨应被视为合理。
    客户承担在拍摄期间由模特、艺人和群众演员等人穿戴的服装、配饰、鞋履和道具等物品的丢失、损坏所带来的经济后果。
    由于服装、配饰和道具损毁导致（造型师姓名）经济受到损失，或超过既定的置装金额 XXX 英镑，相关费用均**由客户**承担，并在损毁发生 24 小时内进行评估。

取消拍摄：
    如果在准备日或拍摄日前 24 小时内取消拍摄，那么则**由客户**在收到发票 30 天内全额支付造型师上述全部费用。
    从接受项目首日起直到工作完成，客户为造型师缴纳全额保险。

在做助理时，总是尽量去拿到一些书面形式的确认函，即便是雇佣你的造型师的一封邮件或声明也作数，其中概述了日期、工作说明，如果适用，还应包括薪酬。在一些时候你需要证明自己做了工作但没有拿到报酬，尽可能地保护好自己的利益。

开具发票

在拥有代理之前，你需要自己负责所有的发票业务。需要向客户提交的发票分两类，一类是置装费的发票，需要在项目启动前提供给客户并领用款项；另一类是造型师的发票，包括了你自己的薪酬和开支，应在整个项目完成后向客户提交。次页列举了两种类型发票的示例，展示了需要囊括在内的信息。发票是总账中的一部分，你需要制定一个系统，为所有的发票编号、归档（通常用你名字的缩写加数字）。

就像这一章开头提及的，一旦项目确认后，将约定的置装预算的发票尽快提交是非常重要的，确保在项目开启前收到了钱款（最好是现金）。而拿到酬劳和开销的费用可能需要长达 90 天，如果你自费支付了预算的 500 英镑，在拿到报销前，你很可能都要自掏腰包了，同时还要支付这笔数额在信用卡上产生的利息。出于税务原因，你需要证明这笔款项是预算费用，而不是项目的薪酬，因此此你就要提交一份发票。你可以直接将向客户开具发票，他们再付你钱；或者，如果你有代理，你应向代理开具发票，他们会给你现金或直接把钱款打入你的银行账户。

造型师姓名   地址
                                                              手机号码
                                                              邮箱地址
                                                                网址

置装费发票

至   应付账款，造型师姓名
                           造型师地址
发票日期：   2016 年 6 月 8 日
项目日期：   2016 年 6 月 9 日至 11 日
发票号：   （由你提供，通常是你的名字缩写加一个数字）
作业编号：   （由客户提供）
订单编号：   （由客户提供）
项目说明：   伦敦芮谜——静态广告
客户：   艺术买手或艺术总监的姓名
                           伦敦芮谜
                           地址和具体联系方式

摄影师   （姓名）

置装预算   现金 500.00 英镑

                           总计 500.00 英镑

严格按照开具发票后 30 天之内付款

银行信息
账户名称和造型师姓名
银行名称和地址
账户号码和银行代码

造型师姓名   地址
                                                    手机号码
                                                    邮箱地址
                                                    网址

发票

至   客户姓名（艺术总监或艺术买手的名字以及公司名称）
                          地址和具体联系方式

日期：   （给客户开具发票）

发票号：   （由你提供，通常是你的名字缩写加一个数字）

作业编号：   （由客户提供，没有这项你是拿不到酬劳的）

订单编号：   （由客户提供，没有这项你是拿不到酬劳的）

项目说明：   伦敦芮谜——静态广告

签约方   （姓名）

摄影师：   （姓名）

项目日程：   （准备日的日期和拍摄日的日期）

价格：   250 英镑 / 日（准备日协定价）

                          500 英镑 / 日（拍摄日协定价）

艺人薪酬：   750.00 英镑

艺人开支   开支成本   130.20 英镑

总计   880.20 英镑

严格按照开具发票后 30 天内付款

银行信息

账户名称和造型师姓名

银行名称和地址

账户号码和银行代码

开支

在整理某个项目的开支时，永远把不同项目的收据分开放，因为你可能同时在做三份工。为每一个项目准备一个塑料文件夹，把相关的收据放进去。在每张收据的背面写明与其相关的项目，以防它落单或归错档。

为了报销开支，你需要将开支做成分类细账，再单独做一份置装预算成本的分类细账，最后与造型师发票、置装费收据和开支收据的复印件一同提交。将收据原件平贴于一张 A4 纸上，在页首标明项目细节，在页尾标注上总计金额。把收据纸复印两份，一份给客户，一份给你的会计。如果钱是从你的银行账户划出去的，请自留原件。

如果客户将现金提前预支给你，那么就将置装预算的收据原件寄给客户，连同预算成本的分类细账和项目的最终发票。如果预算有结余，再寄一张支票过去。自己也留一份收据的副本，以作记录。

造型师姓名

地址
手机号码
邮箱地址
网址
日期：2016 年 6 月 18 日

开支

发票号码：SN187
项目描述：*伦敦芮谜——广告*
作业编号：0000
订单标号：0001
拍摄日期：2016 年 6 月 11 日
划拨开支：150.00 英镑
实际开支：130.20 英镑

日期	收据说明	收据编号	金额
2016.6.9	交通拥堵费：编号 W1U65297	1	8.00 英镑
2016.6.9	停车费	2	14.00 英镑
2016.6.9	快递费，W1-NW10	3	20.20 英镑
2016.6.11	至外景地出租车费	4	36.00 英镑
2016.6.11	回家出租车费	5	36.00 英镑
2016.6.12	归还样衣——交通拥堵费：编号 F2S32762	6	8.00 英镑
2016.6.12	归还样衣——停车费	7	8.00 英镑
总计			130.20 英镑

开支成本收据

项目说明：伦敦芮谜——广告

发票编号：SN187

拍摄日期：2016 年 6 月 11 日

作业编号：0000

订单编号：0001

收据 1：	8.00 英镑
收据 2：	14.00 英镑
收据 3：	20.20 英镑
收据 4：	36.00 英镑
收据 5：	36.00 英镑
收据 6：	8.00 英镑
收据 7：	8.00 英镑
总计：	**130.20 英镑**

账目报表

如果你有代理，那么账目报表通常是由代理寄给你的。它包括该月内已支付的工作项目列表，包含项目日期、项目金额、代理费的信息，还有一张支付薪酬的支票或者款项入账的通知单。代理会将他们扣除的款项加入"合计减款"一栏，例如快递费。

代理人姓名

艺人账目报表　姓名：造型师姓名（SN）　　　　　　　　　日期：

项目日期 公司 / 客户	发票 编号	客户	项目金额	开支	增值税	总额	佣金	增值税	合计减款（快递费）	支付净额
2016.6.11	SN187	伦敦 芮谜	750.00 英镑	134.20 英镑			150.00 英镑		代理的发票号 （A000）47.04 英镑	734.20 英镑
			750.00 英镑	134.20 英镑			150,00 英镑		（一）47.04 英镑	687.16 英镑

　　　　　　　　　　　　　　　　　　　　　　　　　　　　　　　　　总计：687.16 英镑

代理姓名、地址和增值税细节

追款

这一行以拖欠薪酬而臭名昭著，有些时候现金流会非常缓慢——一如前文所示，三个月才付款是很正常的事情，有时会更长。尽管如此，你在标明的付款周期的一个月后就应开始追款。就算这是一个费时费力的工作，但在这块事情上做得越好，你的生意也就越好。

在英国，如果你的客户拖款时间过长而你又无计可施的时候，最后你可以求助英国法庭理事会（HM Courts&Tribunals Service），这是一个为索赔者和被告人服务的在线机构。

知晓自己的权利

在为准备工作进行采购时，知晓自己的消费者权益是至关重要的。你会成为退货的高手，只要衣物保持购买时的状态并且没被穿戴过，就应该能退掉。在英国，你只需要告诉销售人员这件单品不合身就行——不需要说太多其他。

总是检查每一家商店的退货政策——一些会在一周、二周或者一个月内提供全额退款。确保你选择在能全额退款的商店进行准备工作——精品店在处理退货时常常只返还积分，也就是之后可在同一家店铺中再次消费使用的额度，它们的有效期通常只有 6 个月。然而，如果某件单品有问题，你有权利拿到全额退款。

警告：当今的交易标准有变，在商店退货变得越来越难。现在在互联网上下单变得更容易，同样也可以在网上退货。关于消费者权益的更多信息参见第197 页的 "参考资料"。

保险

作为个体经营者，最好配置保险。以前客户会负责给你投保，但现在的客户普遍希望你自己能缴纳保险，特别是公关，他们会希望你是上了保险的——要求介绍信一部分的原因是它会证明你是在杂志的保险范围内的。介绍信会清楚地表明杂志方会为服装的丢失或损坏负全责，因为样衣很可能十分昂贵。下文是你或许需要的一系列保险的险种，当然，你自己显然也需要和一家知名的保险公司（总部在英国的保险公司，参见 "参考资料"，第 197 页）来落实以下内容。

公共责任险

公共责任险并非一个强制的险种，但是建议购买。它覆盖了与工作中直接发生关联的、与人或与事相关的事情，它应覆盖所有的工作人员和参与项目的人士，包括快递员。比如，如果有人被一双鞋绊倒后受伤，被蒸汽熨斗严重烫伤，相关的费用比如补偿金和损伤费都可以通过保险支付。如果你是在试拍，那么造型师将为所有服装承担责任。

个人意外险

个人意外险在你自己出意外时保障个人的权益。

雇佣者责任险

若你有签约雇佣的员工，那么雇佣者责任险就是一个强制性的险种。如果你的助理以一种灵活办公的形式为你打工，那就不需要这个险种，但你需要负责确认他们是否有购买保险（通常都没有）。

货物险

货物险是为从公关、设计师、道具屋或其他地方借来的样品所投的险种。

大多数的客户希望你在出差期间投了健康保险。

财产意外损失险

财产意外损失险覆盖了例如摄影师灯架倾倒损坏地板的这种情况。不过，摄影师应该为拍摄全程购买了保险。

机器设备损坏险

该险种保障作品集丢失或被盗的损失能够得到赔付——换一本作品集的成本高昂。你还应给你的工具箱、笔记本电脑、手机和相机投保，虽然它们可能包含在家庭财产保险中，但还要视具体保单而定。

如果你拥有一个商业场所，一些保险公司会提供商业保险套餐，其中包括了公共责任险，以及你持有的设备和仓库险，但并不覆盖你的住所。如果你在家办公，你的第一项任务应该打电话给你的房屋保险方，在保单中加上商用这一条。这样一来，样衣在出现意外时就有了保险。还有些公司会为你提供完整的保险套餐，无论你是在家还是在商用场所——他们将你进行办公的任何地方视作你的经营场所。你应该打一圈电话，在网上查查，记一些笔记，衡量哪一家对你来说是最划算的。投商业场所保险或许会便宜些，但在家办公不需要支付工作场所的租金，虽然要缴纳更高额的房屋保险，但总体是要便宜的。

其他的应被考虑在内的险种还包括：机动车辆附加险、经营亏损险或营业中断险、收入保障险和重大疾病险。

咨询你的承保人下述问题：

我需要给我的财物投多少钱的保额？

大致计算下你租借的样衣的价值总额——10,000 英镑，20,000 英镑，100,000英镑，还是更多？或许要一个 10,000 英镑至 20,000 英镑的保额是个不错的主意。当然，如果你在做一票大单，样衣的价格比 100,000 英镑还要多，那就上几天的保险，而不要上一个全年的高额保险。

财物在运输过程中是受保的吗？

如果样衣放在车里而被盗，不要想当然地认为你的车险能覆盖这块损失，车险或许只能赔偿你的车载音响损失以及上至 100 英镑封顶的财产损失（如果你有价值10,000 英镑的样衣被盗，那就大事不妙了）。一些财产险承包方会覆盖运输的货物，但不负责过夜的时间段：通常是晚 9 点至次日早晨 6 点。

财物不在我的商业场所时，是处于受保状态的吗？比如，在车里或者在外景地？

有时你的人和服装必须共处一地，服装才能受保。

我的作品集或工具箱或笔记本电脑是否受保？

若这些财物丢失，请计算更换它们需要花费多少钱。

保险是否覆盖境外出行？

只需要告诉保险公司你要出国，可能不需要缴纳额外的保费，但也有一些保险公司会另外收费。

过境证明

出国拍摄时，在带着一整箱的样衣离开英国前，你需要填写一份过境证明（商品的护照）。欧盟国家不需要这份文件，但全球有 85 个国家签发并承认它。

若拍摄团队的行程需要离开欧盟国家，那他们则需要两份过境证明，一份是为摄影师的设备准备的，另一份是为服装准备的。这些需要在出发前填好，在行程中的每个关口进出时都要盖章，作为财物悉数到达且悉数离开相应国家的证明。这些财物需要打包并按照数字顺序贴上标签，在所有的机场接受检查。根据财物的保额及其用途，它们会被征收相应数额的费用，以确保所有的财物都能安然无恙地运抵。

唐·劳斯（Don Rouse），
时尚作家兼公关

你会假定所有的造型师都是上了保险的吗？

我希望是这样的——这就是一个大型组织更加可靠的原因。造型师是投了保的这一点至关重要，永远永远永远上保险。

你如何与不同级别或有不同作品的时装编辑、自由造型师或助理打交道？

对于品牌而言，有时一个高层人士可能一无是处，而助理却能改天换地，情况也可能恰恰相反。我永远不会怀疑任何一个来见我的人，无论他们的级别高低。很多时候，如果这些人为高管打工，那他们就不会糟到哪里去：要不是一个知识渊博的人，就是一个刚起步但表现极佳的人。不要小瞧任何人，无论是大人物还是无名小卒，去相信每一个人。

对于没有介绍信的年轻造型师，你如何决定是否要借给他们服装？

作为公关，你永远不知道哪里能碰到好的人脉。我的建议是，好好了解他们。如果事情紧急，你知道对方需要样衣，但却不认识对方的人，那介绍信就派上用场了。不要直接说"不，我不会帮助你们的"，因为总会有你认识的什么人也认识他们。这是一个巨大的产业，但又是一个小圈子，所以总能通过共同认识的人来加深对对方的信任。

你最讨厌造型师哪些方面？

我不能忍受那些不了解自己工作的人——例如，当我问他们，"你是想要人字斜纹的还是格子的？"，而他们并不知道二者的区别。我不期望他们能够了解关于缝纫的一切，但我希望对方能掌握基础知识。

最后一章是成为造型师所需的一系列实用信息的资料集锦，先介绍了工具箱中的物品——完成项目所需的必需品，再介绍了一系列专业的小贴士，助你更加顺利、专业地完成工作，其中有男装造型的小窍门，比如如何熨烫衬衫、给西裤卷边以及系领带。最后还有一份如何为女士、男士和儿童测量尺寸的指南，在实际工作时，可作为你的参考。

造型师工具箱

在照片拍摄过程中，你需要一些如双面胶、别针这样的造型工具。影棚和外景地可能会提供熨斗和熨衣板，但其他的都需要自备。你可能需要准备三套工具箱，主力工具箱、片场工具箱和试装工具箱。

你的主力工具箱会包含所有的造型工具。你不需要在每一次拍摄时都带上全部物品，你也不需要将次页列举的物品都准备齐全——清单和插图示意只作为你准备工具和使用工具的参考。

摄影师萨拉·路易斯·约翰逊为《康珀尼》杂志拍摄山姆·威尔金森。

主力工具箱

==

1 **吊带背心**：带有裸色、白色和黑色的细肩带。

2 **丁字裤**：裸色、白色和黑色。

3 **透明内衣肩带**

4 **胸衣**：裸色、黑色的不同尺码的胸衣，从 32A 到 34C 不等（见内衣类型，第 185 页）。

5 **聚拢型、露背无肩带式胸衣**

6 **黏贴式胸衣**

7 **除胶剂**：用于脱除黏贴式内衣。

8 **胶带**：无刺激型胶带，用于代替电器胶带或管道胶带，为丰满型女性在穿着无肩式连衣裙固定胸部所用。

9 **袜类**：黑色和裸色丝袜。此外我还有一大袋子不同颜色、样式和纤度的丝袜，以备不时之需。

10 **"鸡胸肉"**（硅胶胸垫）

11 **胸贴**：用于隐藏乳头。

12 **男士皮带**

13 **丝巾**：在换装时，罩在模特的头部，用于保护妆发，也避免化妆品蹭到昂贵的样衣上去。

14 **一组袖扣**：男装拍摄时的必需品。

15 **男士黑色短袜**

16 **A5 大小的笔记本和笔**：在拍摄现场，在后裤兜装上一本 A6 大小的笔记本也一样有用。

17 **锐意（Sharpie）防褪色记号笔**：用于填写样衣纸袋上的归还标签（字迹不会蹭花）。

18 **宝丽来相机**（参见第 54 页）。

19 **手机及充电电源**

20 **身体胶带**（双面胶带，又称假发胶带、内衣胶带、时装胶带或乳头胶带）。

21 **多功能袋**

22 **半码鞋垫**：为脚小的模特或客户放在鞋里使用的（特别是露趾鞋）。

23 **后跟帖**：防止鞋不跟脚。

24 **内增高垫**：为身材矮小但想要显得高一点的客户准备。

25 **鞋垫**：为鞋码过大的模特或客户准备。另一个解决方法就是在鞋头塞上棉花球或羊毛球。

26 **安全别针**：让衣服合身。它们是我最常用的工具，我从来不用裁缝使用的大头针，因为它们的尖端会伤到模特或客户，也会勾坏衣物。

27 **盒尺**：为了在不同的高街商店做试装和测量服装尺码使用，因为所有的尺码都不尽相同；也用于测量二手衣物和袖长，以确保服装尺寸与你的客户相符。

28 鞋拔：在模特的脚大于英码 7 码时会格外有用；我也会用滑石粉帮助模特穿比较小的鞋子，不能用油，那会破坏和污染皮革。

29 粘毛器：用于在拍摄前将样衣上的污垢、头屑和灰尘粘掉。

30 大、小剪刀：我的大剪刀放在了主力工具箱里，小剪刀则放在了片场工具箱中。小剪刀应是尖头的，这样在需要裁剪和修剪线头时，可以深入衣物中的一些狭小区域。

31 胶带：我在归还样衣的纸袋上使用透明胶带或包裹胶带，因为这样看起来不是很突兀。我的工具箱里有一系列的透明和棕色包裹胶带以及一卷赛洛胶（Sellotape）薄胶带。

32 瞬间去污纸巾（Shout Wipes）：一个非常好用的去污纸巾品牌。如果你买不到它们，非油基底的化妆刷清洗剂也可以把衣服上的污渍去掉。不要使用婴儿湿纸巾，因为它们通常都含油。

33 打火机机油：可以把道具上的黏黏的标签或价签去除掉。

34 防静电喷雾：喷在丝绸类样衣上可以减少静电，这样短裙就不会裹在腿上了。

35 即熨喷剂：在熨烫衬衫的前襟之前喷上，领子就能立起来了，在没有系领带时，不会塌掉变成没型的褶皱。

36 金布尔（Kimble）商标枪：用于重新固定价格标签，在图册和电商拍摄时很常见。

37 各种各样的长尾夹：和别针共同使用。

38 皮带打孔机：皮带对模特或客户来说太长时使用皮带打孔机。

39 一套螺丝刀：一套带有 8 个不同刀头的螺丝刀使得工作游刃有余。

40 旺达带（Wundaweb）：一种热熔的、能快速给裤子锁边的胶衬。

41 防尘鞋袋：用于擦鞋。

42 无色鞋油：准备不同颜色的鞋油的意义不大。

43 友好牌（UHU）织物胶水：在预算紧张的情况下，用于翻新一件穿过的衣服。在亮片和其他材质上干得很快。

44 睫毛胶：用于固定吊带背心的细肩带。

45 针：永远备好一套各式各样的缝衣针。

46 拆线刀：用于快速修补衣服。在避免意外出现时，比剪刀好用。

47 不同颜色的棉线卷：你永远也不知道何时需要缝东西。

48 旅行缝纫包：包含上述三样物品的简易包，包含快速修补时所需的必要物品。使用酒店里提供的缝纫包即可。

49 熨烫垫布：熨烫西服西裤、丝绸或合成纤维衣物使用，避免熨斗在样衣上留下一层亮光，甚至融化合成纤维材料；一块干净的茶巾也应适用。

50 折叠式展示架：在外景地没有提供展示架时可派上用场，购买折叠式展示架时请同时买一个提手袋。

51 西装袋：带着分类放入西装袋的衣服出现，比带着满满当当的一包包购物袋的衣服出现要专业得多。

52 熨衣板：不时之需，但并非每次拍摄都用得上。

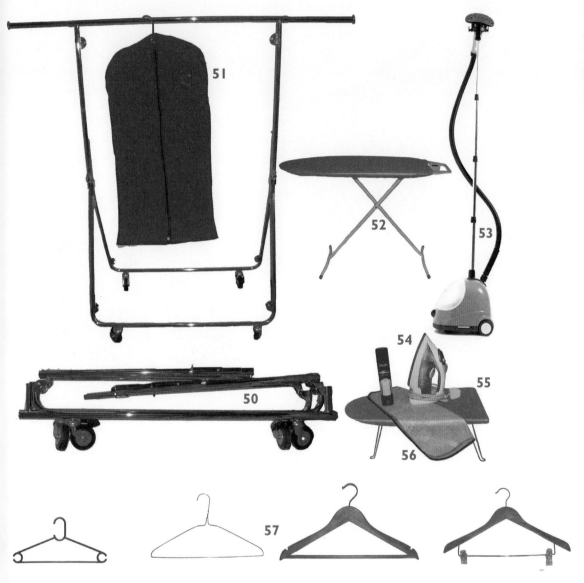

53 蒸汽熨斗：是不可或缺的一件工具，所以最好购入一个轻巧、高效的（弗丽佳 [Fridja]是非常好的蒸汽熨斗品牌）。所有的影棚都有蒸汽熨斗，但不一定有好用的。

54 熨斗：不是日常工具中的必须，但在拍摄中我倾向于自带熨斗，主要用于熨烫衬衫和亚麻衣物，因为我知道它效果好、熨得平整，不会勾坏布料，不会弄湿、弄脏样衣。

55 旅行熨衣板：在进行宣传巡演中最好能带上。

56 为旅行熨衣板准备的垫布（参见第 49 条）。

57 一组衣架：我更喜欢塑料的轻型衣架，但确保衣架有可以悬挂半裙或西裤样衣的钩子。金属衣架可以弯折也很轻便。木制衣架看起来更好看，效果也不错，但它们又重又占地方。

片场工具箱

==

　　这是工具箱中最小的一只，是拍摄前在片场使用的。它对于助理来说也十分有用——你服务的造型师应随身带了主力工具箱，但他们也会期望你携带了如下基本工具：

1　盒尺

2　各种各样的长尾夹

3　粘毛器

4　身体胶带

5　多功能袋

6　手机

7　笔记本和笔

8　安全别针

9　小剪刀

10　折叠式鞋拔

==

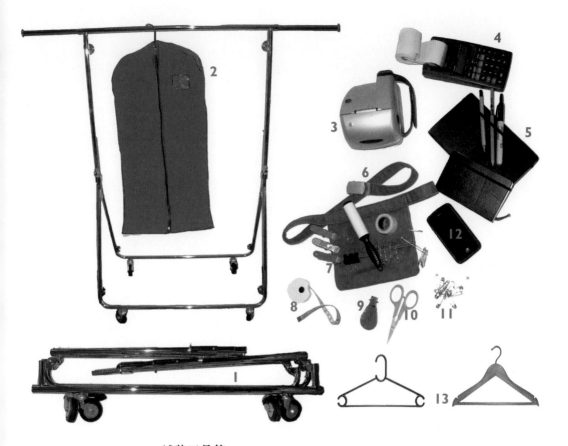

试装工具箱

===

1 可伸缩式展示架

2 西装袋

3 宝丽来相机

4 打印计算器：用于做预算。可将总计的数额打印出来，在你面对大量的价签数字并且需要快速计算出结果时不至于七颠八倒。

5 笔记本和笔

6 实用袋：用于收纳别针、长尾夹、针线、剪刀和身体胶带。

7 各种各样的长尾夹

8 盒尺

9 鞋拔

10 小剪刀

11 安全别针

12 手机

13 衣架

===

造型诀窍、技巧与快速修复方法

在外景地拍摄或出差拍摄时，在到达的第一时间将所有样衣挂起来。那里可能没有熨斗或蒸汽熨斗，你不想让衣服看起来皱皱巴巴的。我的一个造型师朋友在一次海外外景地拍摄中带了 25 套西装。在到达酒店房间后，她发现西装全都起褶了，于是就把它们挂在浴帘杆上，在浴缸中接满热水以产生蒸汽，用于熨平西装。当她和团队吃完晚饭回去时，发现浴帘杆已然从天花板上断裂，所有的西装都泡在浴缸里浸湿了。漫漫长夜，她有 25 整套西装等着去熨干，而手边只有一个吹风机。

如果你要自带熨斗、蒸汽熨斗等，请确保你携带了正确的**转换插头**，了解拍摄地正确的电压。

如果使用真正的**钻石珠宝**，你需知晓唯一能划坏一颗钻石的是另一颗钻石。所以，对于同时借给你两条钻石项链的租借方要毕恭毕敬——每一只手分别拿一条项链。

如果夹克或上衣太过宽大，根据材质，在后背处使用长尾夹或别针让夹克在正面看起来比较合身。

一旦衣服上身后，不要让模特坐下，不然你就需要再费时间熨烫或蒸汽熨烫它们了。

确保鞋子跟脚。如果不跟脚，如果是不露趾鞋，在鞋里塞上棉毛球或者垫上鞋垫。如果是露趾的，尝试在鞋里加上半码垫。如果鞋太小了，鞋里有鞋垫就把它拿出来。使用滑石粉帮助模特把脚塞入鞋中。

总是熨烫亚麻材质的衣物，但要知道，亚麻的魅力就在于它有着自然的褶皱，所以不要太在意这一点。当然，如果模特穿着它们坐下过了，那请再次熨烫它们。

在拍摄托特包或手袋时，确保用纸巾或者你手边的任何东西填满手袋，保证它没有任何褶皱——你甚至可以尝试在包中加入一些重物。

确保所有的标签都藏好了。如果布料很单薄（在你已经将它们买下来并不再还回去的情况下），将标签剪掉。如果样衣是借来的，用身体胶布将标签卷起来，但在拍摄结束后记得拿下来。如果把公关标签拿掉了，确保之后把它们再贴上去——这些标签对于公关和你来说都非常重要，因为上边的序号能够与公关出具的明细单上的序号一一对应。同样的也适用于白色裤装——如果裤兜能透过裤腿，就把裤兜从里面剪掉（当然，同样仅适用于付过钱的样衣）。

清洁眼镜或太阳镜——太阳镜或眼镜上的指纹和污渍都会出现在片子中，

这条同样适用于 PVC 材质的衣服。

条纹图案或紧凑的图案会在电视上产生波纹效应（moiré effect，一种视觉错觉），人物不会很好看。

白色衣服或亮片材质反光，会让人物看起来更庞大。

内衣带不应该外露，除非是刻意的造型元素。

可见的内裤边缘不好看，除非是刻意为之——使用丁字裤。

斯班克斯（Spanx）塑型内衣是美丽秘诀，也是市场中同时适用于男人和女人的、能够收紧赘肉的绝佳产品。

用干洗店衣架上的轻薄泡沫塑料去除**衣物上的除臭剂痕迹**（适用于小块的污渍）。

如果你没有硅胶胸垫**填充内衣**，但需要打造出乳沟，剪掉紧身袜的脚部，将生米放入袜中并打结，它们可以作为硅胶胸垫的临时替代品。

如果胸衣对于模特来说太大了，在里面塞入一卷卫生纸，撕掉多余的卫生纸以使内衣合身。

总是原样归还**公关样衣**；如果使用纸巾包裹衣物，请使用白色纸巾，因为彩色纸巾会弄脏衣物。

熨烫西裤请使用一块潮湿的棉布、一条茶巾或一块熨烫垫布，不然西裤面料会变得光亮。大多数时候用蒸汽熨烫西装就够用了。

在外景地拍摄时，有时为了另一场拍摄，**泳衣需要快干**，把湿泳衣纵向平放在浴巾上，再卷起来。将浴巾卷一端放在地板上用脚踩住，另一端用手拿住并使最大力去拧它。松开毛巾，你的样衣依旧会是潮的，但不至于滴水，模特下次拍照时就可以再穿了。这样一来，样衣既被毛巾保护得很好，多余的水也被吸走了。这一招可以用在任何的湿衣服上。

出差打包时，所有的样衣应平放，折叠一次，这样在开箱后，衣物就不需要太多的熨烫或蒸汽熨烫。所有的珠宝都应单独放在小的食物袋中，再放到鞋里面。每一只鞋都应有一个单独的防尘鞋袋。不要在样衣行李箱中放入任何液体——把工具箱、个人的洗漱包单独放置，这样就不会毁掉任何样衣了。另外拿一件小行李箱单独存放私人物品。

我工具箱中最实用的工具是鳄鱼夹，它们可以现拿现用（这是洁癖患者最深恶痛疾的东西），可用在任何地方，从固定场记表到固定群众演员的服装，再到固定沉重华丽的长裙——防止它们拖在泥地里，这样艺人就可以去卫生间了！

瑞贝卡·科尔（Rebecca Cole），电视剧装总监（英国广播电视和英国独立电视）

我工具箱中最实用的工具是一个胡萝卜清洗刷，可以在现场把衣物上多余的东西快速除去；还有双面胶，可以把大多数电影和电视剧中用的戏服固定在身上。

梅·赖·希皮斯利·科克赛（Mei Lai Hippisley Cox），电影和电视剧服装师

男装造型诀窍

男士**外套**的扣子永远都应该是从左侧往右扣，女装则是从右往左扣。

马甲的最下一颗扣子永远都不要扣，这是源自英国国王爱德华七世的传统，以适应他当时日益增大的腰围。

如果在上电视时系**领带**，把窄端套在宽的一端背后的套圈中，然后用别针或领带夹将窄端固定在衬衫上，这样领带就能保持在身体正中，不会移动。

双排扣**西服**的正面通常有六个扣子，但只需要用到其中两个，后背会开叉。单排扣西装则可能有一、二或三粒扣，它的后背是不开叉的。如果穿了西装马甲，西服外套下端的扣子敞开不系可以增加西装的垂坠感。

不同的布料种类

==

1 格纹：方形图案

2 人字形纹：V 字形图案

3 细条纹：很细的竖条纹，每道之间间隔 1—2 厘米

4 千鸟格纹：又称犬牙花纹——一种双色的、锯齿状格纹

5 细格纹、针头纹：白色小圆点的图案

6 粗花呢：粗糙的、多色的、羊毛质地

7 斜纹：从右上至左下的斜线图案

==

如何给西裤锁边？

西裤的边缘应垂至鞋跟中部，当男士翘腿坐着时，应能看到一截袜子——但袜子以上的腿部不应出现。在给西裤裤腿锁边时，穿着者应赤脚，边缘应有一定斜度，裤腿正面应落在脚面上，裤腿背面则落在地面上。诀窍是裤子正面不要用太密的针脚造成凹陷——胶衬应看起来平整。

在给样衣锁边时，用一种热熔黏贴的快速锁边旺达带（Wundaweb），它比身体双面胶（Body tape）更好用，后者容易被看到。

如何熨烫衬衫

先熨袖口，然后袖子，再熨前襟，然后后襟，之后再熨一遍前襟。然后熨领口，在用熨斗按压后，让领子在熨衣板上立上几分钟，效果会更好。

避免在袖子上出现死褶。我曾询问一名萨维尔街的裁缝：是否是刻意在衬衫袖子上保留褶皱的？他回答："你熨烫衬衫花的时间越多，效果就越好。"

领子种类

标准领

宽角领

纽扣领

饰耳领

针孔领

圆领

领带铁律

　　有许多可选的领带打法（其中数种方法都会在接下来几页中展示），但最常见的是平结（four-in-hand）和半温莎结（half-Windsor）。针织领带只能打平结，永远不要悬挂放置，而应宽松地卷起放置。

　　在开始打结时，把领带窄端置于肚脐或肚脐以上一英寸的高度，打完结后，领带的宽端和窄端应等长。如果发现窄端长出许多，握住窄端并拉伸宽端以作调整。如果宽端过长，就反其道而行之。在调整领带结时，捏住领带结的底端从而保证领带保持三角形。宽端背面的圆环可以不用——它并不是为套住窄端而设计的。

　　如果领带结难以保持三角形，或者形状不佳，在打结完成之前可以调整领带。如果领带结变成了长方形而非三角形，把领带结上端的靠近脖子两侧的领带轻轻拽松，三角形领带结就出来了，这之后再像平常一样把领带结系紧就可以。

共有两种领带酒窝（dimple）：一个酒窝或两个酒窝。可以在系紧领带前，在宽端上挤出一道凹槽，从而打出领带酒窝。捏着三角形领带结的底端，在系紧时向上推。窄领带不应有酒窝。

　　永远也不要去熨烫一条高质量的领带，因为这样会毁掉它底部弧形的边缘。可以用蒸汽熨烫取而代之，或者将整条领带卷起来，在桌子上放一整晚，这样就能去掉所有的褶皱了。

如何打平结

如何打半温莎结

如何打温莎结

如何打阿尔伯特王子结

如何打普拉特结（谢尔比结）

179

测量尺寸

知道如何正确测量身体尺寸至关重要，因为只有知道确切的尺码，才能收集样衣或者确保在商店中购买单品的尺码是正确的——所有商店中不同品牌的衣服尺寸都是稍有出入的，服装尺码在英国、欧洲和美国都是不同的。我总是随身带着一卷软尺和尺码表。在量尺寸时，软尺应平贴在身体上（拉直但不要拉紧）。接下来的几页列举了几张尺码表。

为女士测量尺寸

女士主要尺寸如下：

✖ **胸围（A）:** 测量胸部最丰满的一圈，确保手臂下垂并稍稍远离身体。

✖ **腰围（B）:** 测量自然腰（通常是躯干最窄的一圈），位于胸腔底端，在臀部的上方。

✖ **臀围（C）:** 测量最宽的一圈，通常在自然腰（B）下方9英寸或23厘米。要测量的部位是从腿部的上端，也就是腿连接髋臼的地方，一直穿过耻骨。确保测量时要经过臀部（如果身材偏矮，就从腰向下8.75英寸或22厘米开始测量；如果身材偏高，就从腰下10英寸或25厘米处测量）。

其余的尺寸有：

✖ **内腿长（D）:** 从腿内侧上端量至脚踝。

✖ **袖长（E）:** 女装裁缝测量袖长的正规方法是弯曲手肘，大臂和小臂呈直角，手放在自然腰线处（B），从脖子后方的中央，经过肩膀，再经过手臂，一直到手腕下方一英寸的位置。

✖ **内袖长（F）:** 从腋下一直量到手腕下方一英寸。这是一个在造型中能用到的尺寸——在挑选成衣时，你可以用软尺来查看袖长。

模特或者客户应该可以准确提供他们的鞋码和身高。如果你需要测量对方身高，请要求他们贴墙站在平面上，双脚分开6英寸，在墙上标出头顶的最高点，然后从标记一直量到地板。注意：对方或客户的体重也同样重要，特别是当你需要为他们购买塑身衣时——这一条也同样适用于男装。

接下来几页的表格只能用作一个大致的指导，因为不同的高街和设计师品牌的实际尺寸都各不相同。我把英国时尚与纺织协会（UK Fashion and Textile organization）的尺码指南也附在了其中，可以说明高街商店不同的实际尺码，其中涉及了虚荣尺寸（vanity sizing）的问题——一些商店的12码实际上是14码，或者是一些情况下的英码16码。次页中的表格是在均衡了不同的商店的尺码指南后的结果。

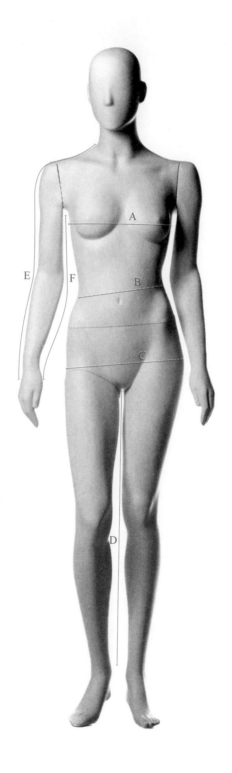

尺寸与连衣裙尺码转换表

英码	6 码	8 码	10 码	12 码	14 码
胸围	78—84 厘米 31—33 英寸	81—86 厘米 32—34 英寸	86—91 厘米 34—36 英寸	90—96 厘米 35.5—38 英寸	94—102 厘米 37—40 英寸
英国时尚与纺织学会		80 厘米 /31 英寸	82 厘米 /32 英寸	87 厘米 /34 英寸	92 厘米 /36 英寸
腰围	60—65 厘米 23.5—25.5 厘米	63—69 厘米 25—27 英寸	66.5—71.5 厘米 26—28 英寸	71—76.5 厘米 28—30 英寸	74—81.5 厘米 29—32 英寸
臀围	82.5—91 厘米 32.5—36 英寸	86.5—94 厘米 34—37 英寸	91.5—98.5 厘米 36—39 英寸	96.5—102 厘米 38—40 英寸	99—108 厘米 39—42.5 英寸
英国时尚与纺织学会		85 厘米 /33 英寸	87 厘米 /34 英寸	92 厘米 /36 英寸	97 厘米 /38 英寸

英码	16 码	18 码	20 码	22 码	24 码
胸围	98—108 厘米 38.5—42.5 英寸	102—114 厘米 40—45 英寸	109—116 厘米 43—45.5 英寸	114—122.5 厘米 45—48 英寸	122.5—124 厘米 48—49 英寸
英国时尚与纺织学会	97 厘米 /38 英寸	102 厘米 /40 英寸	109 厘米 /42 英寸		
腰围	77—88 厘米 30.5—34.5 英寸	86.5—94 厘米 34—37 英寸	93.5—99 厘米 37—39 英寸	101—107.5 厘米 40—42 英寸	107—110 厘米 42—43.5 英寸
臀围	103—114 厘米 40.5—45 英寸	107—120 厘米 42—47 英寸	119—123.5 厘米 47—49 英寸	123.5—130.5 厘米 48.5—51.5 英寸	130—132 厘米 51—52 英寸
英国时尚与纺织学会	102 厘米 /40 英寸	109 厘米 /42 英寸	114 厘米 /44 英寸		

女士尺码

S/M/L	XXS	XS	S	M	L	XL	XXL	XXXL
英国（UK）	4	6	8	10	12	14	16	18
美国（US）	00	0	2—4	4—6	8	10	12	14
意大利（IT）	36	38	40	42	44	46	48	50
法国（FR）	32	34	36	38	40	42	44	46
丹麦（DK）	30	32	34	36	38	40	42	44
日本（JP）	3	5	7	9	11	13	15	17
澳大利亚（AUS）	4	6	8	10	12	14	16	18

女士牛仔裤尺码

英码（UK）	4	6	8	10	12	14	16
腰围	23 英寸	24—25 英寸	26—27 英寸	27—28 英寸	29—30 英寸	31—32 英寸	32—33 英寸

女士鞋码

英国（UK）	1	1.5	2	2.5	3	3.5	4	4.5	5	5.5	6	6.5	7	7.5	8	8.5	9
美国（USA）	3.5	4	4.5	5	5.5	6	6.5	7	7.5	8	8.5	9	9.5	10	10.5	11	11.5
意大利（IT）/ 欧洲（EU）	34	34.5	35	35.5	36	36.5	37	37.5	38	38.5	39	39.5	40	40.5	41	41.5	42
法国（FR）	35	35.5	36	36.5	37	37.5	38	38.5	39	39.5	40	40.5	41	41.5	42	42.5	43

女士帽子尺码

帽子尺码	英寸尺寸	尺码
6½	20.25	XS
6¾	21.125	S
7	21.875	M
7¼	22.625	L
7½	23.5	XL
7¾	24.25	XXL
8	25	XXXL

女士手套尺码

XS	S	M	L	XL
6	6.5	7—7.5	8	8.5–9

女士戒指尺码

英国/澳大利亚	美国	意大利	法国	中国香港	内径长（mm）
J	4¾	10	49	9/10	48.7
J½	5	10/11	49.5	10	49.3
K	5¼	11	50	10/11	50
K½	5½	12	50.5	11	50.6
L	5¾	12/13	51	11/12	51.2
L½	6	13	52	12	51.9
M	6¼	14	53	13	52.5
M½	6½	14/15	53.5	13/14	53.1
N	6¾	15	54	14	53.8
N½	7	15/16	54.5	14/15	54.4
O	7¼	16	55	15	55.1
O½	7½	17	55.5	15/16	55.7
P	7¾	17/18	56	16	56.3
P½	8	18	57	17	57
Q	8¼	18/19	58	17/18	57.6

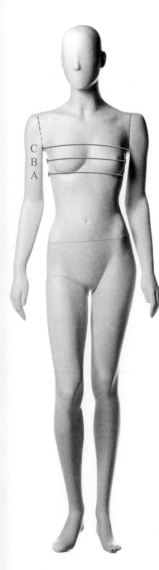

测量内衣尺寸

　　没有测量内衣尺寸的精确公式——以拉佩拉（La Perla）的店铺员工为例，他们不用软尺测量，而是目测内衣大小。这里给出的方法会有帮助，但为了合身，一定要试穿。

✖ **下胸围（A）:** 测量胸部下方肋骨位置的一圈的周长，作为下胸围的尺码（如32"、34"、36"等）

✖ **罩杯（B）:** 胸部最丰满的部分决定了罩杯大小（如A、B、C、D等）

✖ **上胸围（C）:** 不一定是必要的，是为了确保下胸围的尺码（A）准确无误。

　　在测量下胸围尺寸（A）时，确保软尺绷紧并水平环绕身体一圈。英码的内衣尺寸总是双数的英寸制——如果测量结果是奇数，那么加上5英寸（13厘米），如果结果是双数，则增加4英寸（10厘米），最后的总数便是下胸围尺寸，比如，如果你的测量数字是29英寸或30英寸，那么你的下胸围便是34英寸。

　　在测量罩杯尺寸（B）时，量胸部最丰满的一圈，软尺经过乳头，确保水平环绕身体一圈。下面的表格说明了不同的罩杯尺码——你会看到，比如如果你的下胸围和罩杯数字都是34英寸，那客户的内衣尺寸就是34A，如果下胸围依旧是34英寸，但罩杯是36英寸，那内衣尺寸就应为34C。

　　测量上胸围尺寸（C）时，环绕胸部以上的胸腔、后背和腋下一圈。测量结果应该与下胸围的最终数字相同。

　　这些尺码仅作为指南。无论你的内衣尺码是多少，你都需要试穿不同的内衣以确保其合身、码正。不同风格的内衣适合不同的胸型，佩戴后的胸型也各有不同。造型师为客户测量的结果往往比客户自己测量的要更精确。

罩杯尺码测量

罩杯尺码	英寸制尺寸
A	与下胸围相等
B	比下胸围多1英寸
C	比下胸围多2英寸
D	比下胸围多3英寸
DD	比下胸围多4英寸

不同类型的内衣

==

✖ **半罩杯内衣**：塑造不错的乳沟和形状，对于大胸女性（D 罩杯及以上）不是很友好。

✖ **多功能内衣**：有可拆卸的肩带，可变为无肩带内衣、在背后或胸前交叉的内衣、挂脖内衣，或单肩的斜线绑带的内衣样式。确保胸围的尺寸合适，因为这是支撑胸衣的重要部分。

✖ **全罩杯内衣**：覆盖胸部的大部分，为大胸女性（DD 罩杯）提供良好的支撑。

✖ **3/4 罩杯内衣**：覆盖的部分相对较少，呈现自然的领线，适合穿衬衫或马甲。

✖ **加厚或聚拢型内衣**：聚拢胸部以打造深邃的乳沟。

✖ **无肩带式内衣**：或者是肩带可拆卸式内衣——穿戴者可以选择露肩装。

✖ **运动式内衣**：打造平滑的线条和柔和的胸型。

✖ **缩胸内衣**：让胸部看起来更小。

✖ **天使内衣**：为 9 至 13 岁开始发育的女生设计。

==

试穿内衣的建议

试穿内衣最常见的问题就是错误的胸围尺码。胸围带应服帖地环绕身体一周，水平穿过后背（连接在胸围带的肩带上应不承担任何向上的拉力——若这种情况出现了，那么说明胸围太松了，应该下调一个尺码）。

胸围带承担内衣 80%—90% 的支撑力，肩带只承担 10—20%。在拆卸肩带后，胸围带不应有位移。若内衣肩带在肩膀上留下勒痕，你需要一个更小的胸围尺码。如果钢圈向下被拉扯，你就需要一个更大码的胸围。

后背带应该可以有插入两指的空间，并且应水平环绕一周，如果它在往上移动，就需要更换一个小一点的胸围尺寸，或者把肩带调松一些。

32B 和 36B 不是同样的尺码，如果你的胸围带下调了一个尺码，你的罩杯必须同步上调一个码。

在正面，内衣的中央应紧贴身体，如果它离身体有缝隙，说明你需要一个更大的罩杯。如果罩杯上有接缝，位置应穿过乳头中央。

钢圈应平贴身体，如果勒入胸部或腋下，同样地，你需要更大的罩杯。

如果罩杯太小，就会出现副乳——应换一个更大的罩杯和一个更紧的胸围带。如果胸部从钢圈底部挤出来了，请尝试更小的胸围带尺码和更大的罩杯。如果罩杯有一些松或皱，那就换个更小的罩杯。

国际内衣尺码

英国/美国	法国	欧洲	澳大利亚
32A	85A	70A	10A
32B	85B	70B	10B
32C	85C	70C	10C
32D	85D	70D	10D
32DD	85DD	70DD	10DD
32E	85E	70E	10E
32F	85F	70F	10F
34A	90A	75A	12A
34B	90B	75B	12B
34C	90C	75C	12C
34D	90D	75D	12D
34DD	90DD	75DD	12DD
34E	90E	75E	12E
34F	90F	75F	12F
36A	95A	80A	14A
36B	95B	80B	14B
36C	95C	80C	14C
36D	95D	80D	14D
36DD	95DD	80DD	14DD
36E	95E	80E	14E
36F	95F	80F	14F
38A	100A	85A	16A
38B	100B	85B	16B
38C	100C	85C	16C
38D	100D	85D	16D
38DD	100DD	85DD	16DD
38E	100E	85E	16E
38F	100F	85F	16F

为男士测量尺寸

男士的主要尺寸如下：

✖ **颈围（A）**：用软尺绕颈底一圈（如果衬衫领子是扣上的，那就是软尺应测量的地方）。

✖ **胸围（B）**：测量胸腔最宽的部分，从腋下穿过，双臂下垂，不要紧贴身体。确保软尺水平绕身体一圈（横穿肩胛骨，不要走肩胛骨下方）。请对方正常呼吸（不要鼓胸），再进行测量。测量两次以确保拿到更精确的尺寸。

✖ **腰围（C）**：测量自然腰线，在肋骨的下端（或是胃部最宽的一圈）和胯骨的上端。

✖ **臀围（D）、内腿长（E）、袖长（F）、内袖长（H）**：与女士测量方法相同（见第180页）。

✖ **肩宽（G）**：从后边测量，从肩膀的一端量到另一端。

测量后背时，从脖颈正中（脊椎最上一节的地方）一直量到臀线的位置。模特或客户应该可以准确提供他们的鞋码和身高。如果需要测量对方的身高，遵循第180页测量女士身高同样的方法。次页的表格仅作为大致的指南。

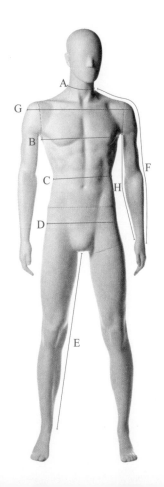

男士量体尺寸与西装及服装尺码转换表

西服尺寸（S/M/L）	XS	S	M	L	XL	XXL	3XL	4XL
胸围								
英国/美国/澳大利亚	34	36	38	40	42	44	46	48
欧洲	44	46	48	50	52	54	56	58
尺寸（英寸）	34	36	38	40	42	44	46	48
（厘米）	86	91.5	96.5	101.5	107	112	117	122
腰围								
英国/美国/澳大利亚	28	30	32	34	36	38	40	42
欧洲	44	46	48	50	52	54	56	58
尺寸（英寸）	28	30	32	34	36	38	40	42
（厘米）	71	76	81	86	91.5	96.5	101.5	107

男士衬衫尺寸

S/M/L	XXS	XS	S	M	L	XL	XXL	3XL	4XL	5XL
英国/美国（英寸）	14	14.5	15	15.5	16	16.5	17	17.5	18	18.5
欧洲（厘米）	36	37	38	39	41	42	43	44	45	46
澳大利亚	XS		S	M	L		XL		XXL	

男士鞋履尺寸

英国	5	5½	6	6½	7	7½	8	8½	9	9½	10	10½	11	11½	12	12½	13
欧洲	39	39½	40	40½	41	41½	42	42½	43	43½	44	44½	45	45½	46	46½	47
美国	6	6½	7	7½	8	8½	9	9½	10	10½	11	11½	12	12½	13	13½	14
澳大利亚	5		6		7		8		9		10		11		12		13

男士手套尺寸

英国/美国/欧洲	S	M	L	XL	XXL
英寸	7/8	8/9	9/10	10/11	11/12

男士皮带尺寸

S/M/L	XS	S	M	L	XL	XXL	3XL	4XL
英国/美国（英寸）	28	30	32	34	36	38	40	42
欧洲	85	90	95	100	105	110	115	120

儿童尺码

因为儿童在生长，他们的尺码都是按照年龄来的，而不是实际尺寸（因此一岁就等于1码，以此类推）。下方的表格仅作为大致的指南。

儿童尺码

S/M/L	XS	S	M	M	L	L	XL
年龄	1/2	2/3	4/5	6/7	8/9	10/11	12/13
身高	76 厘米	92 厘米	110 厘米	122 厘米	134 厘米	146 厘米	158 厘米
胸围	47 厘米	52 厘米	57 厘米	60 厘米	67 厘米	75.5 厘米	79 厘米
腰围	45 厘米	52 厘米	54 厘米	56 厘米	59 厘米	62.5 厘米	66 厘米
臀围	53 厘米	57 厘米	61 厘米	65 厘米	72 厘米	78.5 厘米	89 厘米
内腿长	32 厘米	39 厘米	48.5 厘米	55 厘米	62.5 厘米	69.5 厘米	74 厘米

儿童帽子和手套尺寸

年龄	2—5	6—9	10—13
S/M/L	S	M	L

儿童长筒袜尺寸

年龄	1—3	3—5	6—8	8—10	11—13
身高	80—92 厘米	93—110 厘米	111—128 厘米	129—140 厘米	141—162 厘米

儿童鞋履尺码

英国	2	3	4	4½	5	6	7	8	8½	9	10	11	11½	12	13	13½
美国	3	4	5	5½	6	7	8	9	9½	10	11	12	12½	13	1	1½
欧洲	18	19	20	21	22	23	24	25	26	27	28	29	30	31	32	32½

青少年鞋履尺码

英国	1	1½	2	2½	3	3½	4	4½	5	5½	6	6½
美国	2	2½	3	3½	4	4½	5	5½	6	6½	7	7½
欧洲	33	34	34½	35	35½	36	37	37½	38	38½	39	40

参考资料

这份参考资料为刚入行想要成为时装造型师的人们以及已经入行的圈内人提供了关键的信息。它列举了公关公司、相关课程、杂志社、实习和见习机会、时装秀网站、中介代理、创意人名录、在线作品集网站和作品集零售商、图片印制机构的信息，还有商业资料包括税务信息、消费者权益、追款以及保险公司名单。

公关公司

AGENCY ELEVEN
3rd Floor, 28 Hanbury Street
London E1 6QR
Tel: +44 (0)20 7247 7810
Email: info@agencyeleven.co.uk
Website: agencyeleven.co.uk

AMPR
Amee Patel
Email: amee@a-m-pr.com
Website: www.a-m-pr.com

ARCADIA GROUP (high-street brands)
Arcadia, Colegrave House
70 Berners Street
London W1T 3NL
Tel: +44 (0)844 243 0000
Website: www.arcadiagroup.co.uk

aW+C
35 Old Truman Brewery
91 Brick Lane
London E1 6QL
Tel: +44 (0)20 3633 2401
Email: chat@awandc.com
Website: www.awandc.com

BLACK FRAME
11–13 Bateman's Row
London EC2A 3HH
Tel: +44 (0)20 7613 0514
Email: infoUK@framenoir.com
Website: www.framenoir.com

BLACK PR
Unit 5F, Stamford Works
Gillett Square
London N16 8JH
Tel: +44 (0)20 7254 9884
Email: harriet@blackpr.co.uk (Harriet Elsey)/
becca@blackpr.co.uk (Rebecca Myers)
Website: www.blackpr.co.uk

BLOW PR
Website: www.blow.co.uk

BLOW PRESENTS
Website: www.blowpresents.com
Tel: +44 (0)7867 900812
Email: michael@blow.co.uk

BPCM
32 Great Sutton Street, 2nd Floor
London EC1V 0NB
Email: london@bpcm.com
Website: bpcm.com

CUBE
47 Lambs Conduit Street
London WC1N 3NG
Tel: +44 (0)20 7242 5483
Email: assistant@cubecompany.com
Website: cubecompany.com

DH PR
3 Jubilee Place
London SW3 3TD
Website: www.dh-pr.com

DUST PR
65 Neal Street
London WC2H 9PJ
Tel: +44 (0)20 7836 0440
Email: enquiries@dustpr.com
Website: www.dustpr.com

ELEVENTEN COMMUNICATIONS
36–42 New Inn Yard
London EC2A 3EY
Tel: +44 (0)7921 709931
Website: www.eleventenlondon.com

ELLA DROR PR
14 South Molton Street
London W1K 5QP
Tel: +44 (0)20 7495 6886
Email: ella@elladrorpr.com
Website: elladrorpr.com

EXPOSURE
22–23 Little Portland Street
London W1W 8BU
Tel: +44 (0)20 7907 7130
Website: europe.exposure.net

FELICITIES
WeWork Spitalfields
1 Primrose Street
London EC2A 2EX
Tel: +44 (0)20 7377 6030/+44 (0)7809 761510
Email: info@felicities.co.uk
Website: www.felicities.co.uk

FISHERS PR
Tel: +44 (0)7901 615132
Email: info@fisherspr.com
Website: www.fisherspr.com

FLAX
58 Marylebone High Street
London W1U 5HT
Tel: +44 (0)20 7486 4242
Email: mail@flaxpr.com
Website: www.flaxpr.com

FORWARD PR
Suite 4, 27 St James' s Street
London SW1A 1HA
Tel: +44 (0)20 7839 5059
Email: info@forwardpr.com
Website: www.forwardpr.com

FRONT ROW PR
The Depot
2 Michael Road
London SW6 2AD
Tel: +44 (0)20 7731 6077/+44 (0)20 7731 6005
Email: matt@frontrowcom.co.uk
Website: www.frontrowcom.co.uk

GOODLEY BULLEN PR
2nd Floor, Kendal House
1 Conduit Street
London W1S 2XA
Tel: +44 (0)20 7287 8081/+44 (0)20 7287 8082
Email: info@goodleybullenpr.co.uk
Website: www.goodleybullenpr.co.uk

HEAVY LONDON
148 Cambridge Heath Road
London E1 5QJ
Tel: +44 (0)20 7446 912075
Email: agency@heavylondon.com/
showroom@heavylondon.com
Website: showroom.heavylondon.com

HMPR
Unit 10, Glenthorne Mews
115A Glenthorne Road
London W6 0LJ
Tel: +44 (0)7983 499863
Email: hattie@hmpublicrelations.com (Hattie MacAndrews)/
    assistant@hmpublicrelations.com (Mabel Isles)
Website: hmpublicrelations.co.uk

IPR LONDON
The Yard, 89 & ½ Worship Street
London EC2A 2BF
Tel: +44 (0)20 7739 0272
Email: info@iprlondon.com
Website: iprlondon.com

JA PR
Jessica Miller/Amy Thomas
Tel: +44 (0)7969 450218/+44 (0)7814 673613
Email: jess@japr.co.uk/amy@japr.co.uk
Website: www.japr.co.uk

LM COMMUNICATIONS
No.1, 45–46 Albemarle Street
London W1S 4JL
Tel: +44 (0)20 7491 9945
Email: info@lm-communications.com
Website: lm-communications.com

LMPR
The Smokehouse
Smokehouse Yard
44–46 St John Street
London EC1M 4DF
Tel: +44 (0)20 7253 1639
Email: liz@lizmatthewspr.com
Website: lizmatthewspr.com

MANDI'S BASEMENT
125 Shoreditch High Street
London E1 6JE
Email: controlpanel@mandisbasement.com
Website: www.mandisbasement.com

MODUS
10–12 Heddon Street
London W1B 4BY
Tel: +44 (0)20 7331 1433
Email: info@moduspublicity.com
Website: www.moduspublicity.com

9PR
WH 3.15, 3rd Floor
Whitechapel Technology Centre
65 Whitechapel Road
London E1 1DU
Tel: +44 (0)20 7375 2725
Email: info@9pr.co.uk
Website: www.9pr.co.uk

OCTANE COMMUNICATION STUDIO
Rowan House
Brotherswood Court
Great Park Road
Almondsbury BS32 4QW
Tel: +44 (0)1454 404980 (date line)
Website: octane-uk.com

RAINBOW WAVE
146 Royal College Street
London NW1 0TA
Tel: +44 (0)20 3227 4982
Email: prstaff@rainbowwave.com
Website: rainbowwave.com

RENA SALA
Somerset House
London WC2R 1LA
Tel: +44 (0)77 7605 8070/+44 (0)20 7759 1822
Website: www.renasala.com

SAMPLE LONDON
Unit 8, Celia Fiennes House
8–20 Well Street
London E9 7PX
Email: giorgina@samplelondon.com/
naomi@samplelondon.com
Website: samplelondon.com

SANE COMMUNICATIONS
43–45 Mitchell Street
London EC1V 3QD
Tel: +44 (0)20 7729 5674
Email: laura@sanecommunications.com
Website: sanecommunications.com

SPRING LONDON
25 Dover Street
London W1S 4LX
Tel: +44 (0)20 7629 4633
Website: spring-london.com

SURGERY PR
96 Great Titchfield Street
London W1W 6SQ
Tel: +44 (0)20 7436 3037
Email: hello@surgery-group.com
Website: www.surgerypr.com

TOTEM FASHION LONDON
Flat 3, 66 Whitechapel High Street
London E1 7PL
Tel: +44 (0)20 7247 8150
Email: ouarda@totemfashion.co.uk
Website: www.totemfashion.com

TRACE PUBLICITY
22 Little Russell Street
London WC1A 2HL
Tel: +44 (0)20 7240 9898
Email: info@tracepublicity.com
Website: www.tracepublicity.com

THE WOLVES
70 Paul Street
London EC2A 4NA
Tel: +44 (0)20 7018 7040
Email: hello@thewolves-london.com
Website: thewolves-london.com

VILLAGE
140 Old Street
London EC1V 9BJ
Tel: +44 (0)20 7490 7394
Email: hello@wearevillage.com
Website: www.wearevillage.com

WHITEHAIR PR
Kingsway Place, Block B, Studio 2a
Sans Walk
London EC1R 0LS
Email: zoja@whitehair.co
Website: www.whitehair.co

ZDLUX&CO
c/o Chaddesley Sanford
3rd Floor, 3 Fitzhardinge Street
London W1H 6EF
Tel: +44 (0)20 3141 8839/+44 (0) 7788 161438
Email: zeina@zdluxco.com (Zeina Dakak)

相关课程

时装造型短期学院课程

不少学院和大学都提供关于时尚造型的短期课程。这些课程都很棒，可以给你提供关于这个行业良好的背景知识，告诉你从这个职业能获得什么。

Central Saint Martins, University of the Arts London
www.arts.ac.uk/csm

London College of Fashion, University of the Arts London
www.arts.ac.uk/fashion

The Condé Nast College of Fashion & Design, London
www.condenastcollege.co.uk

Istituto Marangoni, Milan, Paris, London and Shanghai
www.istitutomarangoni.com

Sterling Style Academy, New York, Los Angeles, Miami
and London

www.sterlingstyleacademy.com

Accademia del Lusso, Milan (headquarters), Treviso,
Bologna, Rome, Naples, Bari, Palermo, Madrid and Belgrade
www.accademiadellusso.com

在线时装造型课程

British College of Professional Styling
www.britishcollegeofprofessionalstyling.com
Courses start at around £410 for a 12 or 24-week home
study online learning course.

The Design Ecademy
www.thedesignecademy.com
Home study online courses that start at around £995
(£745 excl. VAT).

Style Coaching Institute
www.stylecoachinginstitute.com
Study at home courses starting at around £995. Focuses on
personal shopping rather than editorial, advertising or music
styling.

时装造型专业学士和硕士课程

在英国你需要通过高等教育机构 UCAS 申请学位课程。
详见 www.ucas.com。

Birmingham City University, MA Fashion Styling
www.bcu.ac.uk/courses/fashion-styling

Domus Academy, Master in Fashion Styling & Visual Merchandising
www.domusacademy.com/en/master/master-in-fashion-styling-visual-merchandising/

London College of Fashion, University of the Arts London, BA Fashion Styling & Production
www.arts.ac.uk/fashion/courses/undergraduate/ba-fashion-styling-and-production

Southampton Solent University, BA Fashion Styling
www.solent.ac.uk/courses/2016/undergraduate/fashion-styling-ba/course-details.aspx

University for the Creative Arts, BA Fashion Promotion & Imaging
www.ucreative.ac.uk/ba-fashion-promotion-imaging

University of Central Lancashire, BA Fashion Promotion & Styling
www.uclan.ac.uk/courses/ba_hons_fashion_promotion_with_styling.php

University of Westminster, BA Fashion Marketing and Promotion & Styling
www.westminster.ac.uk/courses/subjects/fashion/undergraduate-courses/full-time/u09fufmp-fashion-marketing-and-promotion-ba-honours

时装专业学士和硕士课程

Birmingham City University, BA Fashion Design
www.bcu.ac.uk/courses/fashion-design

Central Saint Martins, University of the Arts London, BA Fashion, MA Fashion
www.arts.ac.uk/csm/courses/undergraduate/ba-fashion/
www.arts.ac.uk/csm/courses/postgraduate/ma-fashion/

Kingston University, BA Fashion, MA Fashion
www.kingston.ac.uk/undergraduate-course/fashion/
www.kingston.ac.uk/postgraduate-course/fashion-ma/

Liverpool John Moores University, BA Fashion
www.ljmu.ac.uk/study/courses/undergraduates/2016/fashion

Manchester School of Art, BA Fashion
www.art.mmu.ac.uk/fashion/

Northumbria University, BA Fashion
www.northumbria.ac.uk/study-at-northumbria/courses/fashion-ft-uusfas1/

Nottingham Trent University, BA Fashion Design, MA Fashion Design
http://www.ntu.ac.uk/study_with_us/courses/

Royal College of Art, MA Fashion Menswear/Womenswear
www.rca.ac.uk/schools/school-of-material/menswear/
www.rca.ac.uk/schools/school-of-material/womenswear/

University of Westminster, BA Fashion Design
www.westminster.ac.uk/courses/subjects/fashion/undergraduate-courses/full-time/u09fufas-ba-honours-fashion-design

杂志社

CONDÉ NAST
Vogue House, 1–2 Hanover Square
London W1S 1JU
Website: www.condenast.com
Titles include:
BRIDES
GLAMOUR
GQ
GQ STYLE
LOVE
TATLER
VANITY FAIR
VOGUE
WIRED

DAZED MEDIA
112–116 Old Street
London EC1V 9BG
Email: info@dazedmedia.com
Website: www.dazedmedia.com
Titles:
DAZED
ANOTHER
ANOTHER MAN
HUNGER
NOWNESS

HEARST MAGAZINES UK LONDON
72 Broadwick Street
London W1F 9EP
Website: www.hearst.co.uk
Titles include:
COSMOPOLITAN
DIGITAL SPY
ELLE
ESQUIRE
HARPER'S BAZAAR
RED
SUGARSCAPE
TOWN & COUNTRY

TIME INC. (UK)
Blue Fin Building
110 Southwark Street
London SE1 0SU
Tel: +44 (0)20 3148 5000
Website: www.timeincuk.com
Titles include:
MARIE CLAIRE UK
ESSENTIALS
INSTYLE
WALLPAPER
WOMEN & HOME
WOMAN
NOW
LOOK

实习和见习

网站

Fashion Monitor Jobs, *www.fashionmonitor.com/jobs*
Has both job and internship opportunities.

Fashion United, *fashionunited.uk*
Has both job and internship opportunities.

Fashion Workie, *www.fashionworkie.com*
Advertises stylist jobs and internships.

Intern Wardrobe, *internmagazine.co.uk*
Shows opportunities for internships.

The Fuller CV, *www.thefullercv.com*
Offers help with writing CVs.

Inspiring Interns, *www.inspiringinterns.com*
A graduate recruitment agency.

时尚杂志

Vogue, *www.vogue.co.uk*
Send CV and covering letter to the Managing Editor.

Elle, *www.elleuk.com*
Send CV and covering letter to the Marketing and Merchandise Editor.

Cosmopolitan, *www.cosmopolitan.co.uk*
For work experience, email rebecca.stening@hearst.co.uk.

Tatler, *www.tatler.co.uk*
Applications not accepted by email – send CV and covering letter to the Managing Editor.

Harper's Bazaar, *www.harpersbazaar.co.uk*
The Senior Fashion Assistant is in charge of all internships.

Marie Claire, *www.marieclaire.co.uk*
Summer is the busiest period for placements. Send CV and covering letter to the Senior Fashion Assistant or the Fashion Director's Assistant.

InStyle, *www.instyle.co.uk*
Send CV and covering letter to the Senior Fashion Editor.

10 Magazine, *www.10magazine.com*
Email CV and covering letter to the Fashion Assistant.

125 Magazine, *www.125world.com*
Internship is mainly for photographers, but there are opportunities to work with the Fashion Director and Fashion Editor.

AnOther Magazine/Another Man, *www.anothermag.com*
For all fashion internship enquiries, contact Chloe Grace Press, chloe@dazedgroup.com.

Dazed, *www.dazeddigital.com*
Send CV and covering letter to the Fashion Assistant.

i-D, *i-d.vice.com*
Send CV and covering letter to the Office Co-ordinator, ukhr@i-d.co.

LOVE Magazine, *www.thelovemagazine.co.uk*
Shoots over a short period every season for about six weeks, March/April/May and October/November/December. Contact the Fashion Assistant.

TANK Magazine, *www.tankmagazine.com*
Send CV and covering letter to the Front of House.

Wonderland, *www.wonderlandmagazine.com*
Email internship@wonderlandmagazine.com, specifying in email header whether you are applying to Fashion or Editorial.

生活方式 / 名人杂志

Glamour, *www.glamourmagazine.co.uk*
Applicants need to be 18 or over. Email CV and covering letter (see website for details).

Grazia, *www.graziadaily.co.uk*
Applicants need to be 18 or over. Email CV and covering letter (see website for details).

Stylist, *www.stylist.co.uk*
Email your CV and covering letter either to katie.o'malley@stylist.co.uk (for the magazine) or maggie.hitchins@stylist.co.uk (for online). Your details will then be kept on file and they will contact you as and when an internship opportunity should arise.

Heat, *www.heatworld.com*
Email CV and covering letter (see website for details).

Look, *www.look.co.uk*
You must be 18 or over. Send CV and covering letter to Helen Francis, helen.francis@timeinc.com – only successful candidates will be contacted.

Closer, *www.closeronline.co.uk*
Position advertised on Gorkana when available (www.gorkana.com). Website gives contact details for enquiries.

报纸和副刊

The Daily Mail/The Mail on Sunday,
www.dailymail.co.uk
You magazine (supplement to The Mail on Sunday),
www.you.co.uk
For all internships you can send an email, but the applications that stand out are those sent by post. Send CV and covering letter to the Fashion Bookings Editor.

The Daily Telegraph/The Sunday Telegraph/Stella magazine, (supplement to The Sunday Telegraph),
www.telegraph.co.uk
Send CV and covering letter to the Fashion Assistant.

The Evening Standard, *www.standard.co.uk*
ES magazine, *www.standard.co.uk/lifestyle/esmagazine*
Send CV and covering letter to the Fashion Assistant.

The Financial Times, *www.ft.com*
How to Spend It, *www.howtospendit.com*

Email CV and covering letter to the Editorial Assistant at How to Spend It.

The Guardian, *www.theguardian.com*
Weekend magazine, *www.theguardian.com/theguardian/weekend*
For work experience on The Guardian's fashion desk, you need to apply directly to the Fashion Editor.

The Observer, *www.theguardian.com/observer*
Observer Magazine, *www.theguardian.com/theobserver/magazine*
Send CV and covering letter (see website for details), stating clearly your preferred areas for placement.

The Independent/The Independent on Sunday, *www.independent.co.uk*
Send CV and covering letter to the Fashion Assistant.

The Times, *www.thetimes.co.uk (paywall)*
The Sunday Times, *www.thesundaytimes.co.uk*
Style magazine (supplement to The Sunday Times), *www.thesundaytimes.co.uk/sto/style*
Contact the Junior Fashion Editor.

时装秀

New York Fashion Week
nyfw.com – Show schedules and designer contact information.
mbfashionweek.com – Mercedes Benz Fashion Week NY.

London Fashion Week
www.londonfashionweek.co.uk – Show schedules and PR and designer contact information. Very good for show images and archives.
britishfashioncouncil.com – British Fashion Council.
Bacchus PR – event organizers for London Fashion Week:
Studios 7–10, Pall Mall Deposit
124–128 Barlby Road
London W10 6BL
Tel: +44 (0)20 8968 0202
Email: hello@bacchus-pr.com
Website: www.bacchus-pr.com
www.onoff.tv – Off Schedule catwalk shows at London Fashion Week.

Paris Fashion Week
www.modeaparis.com – Show schedules and PR and designer contact information.

Milan Fashion Week
www.cameramoda.it – Show schedules and PR and designer contact information.

General
www.modemonline.com/fashion – Available for each fashion week and season. Includes all PRs and designers.
www.vogue.co.uk – International designer collections, past and present. Good for call-ins.
www.catwalking.com – Designer collections. Good

for call-ins.
www.alternativefashionweek.co.uk
fashioncalendar.com
fashionweekdates.com
fashionweekonline.com

中介代理

Art Partner, *www.artpartner.com*

CLM (Camilla Lowther Management), *www.clmuk.com*

Carol Hayes, *www.carolhayesmanagement.co.uk*

D & V Management, *www.dandvmanagement.com/london*

Debbie Walters Ltd, *www.dwmanagement.co.uk*

East, *east.co*

Joy Goodman, *www.joygoodman.com*

M.A.P. (Management and Production), *www.mapltd.com*

One Represents, *www.onerepresents.com*

Patricia McMahon, *www.patriciamcmahon.com*

RSA Photographic, *www.rsafilms.com*

Streeters, *www.streeters.com*

Terri Manduca, *www.terrimanduca.co.uk*

Terrie Tanaka Management, *www.terrietanaka.com*

Untitled Artists, *untitledartistsldn.com*

创意人名录

Diary Directory
www.diarydirectory.com
Subscription-based. First three months paid up front, then on a month by month basis. Three weeks' notice required to cancel subscription. Free to get listed.

Fashion Monitor
www.fashionmonitor.com
Subscription-based, with a yearly contract. Preferred by stylists and agents. Online and updated daily – no longer supplies hard copies as they go out of date so quickly. Free to get listed.

Le Book
www.lebook.com/gb
Subscription-based. Free to get listed.
Le Book London
43–44 Hoxton Square
London N1 6PB
Tel: +44 (0)20 7739 1188
Email: info@lebook.com

F.TAPE
ftape.com

Online fashion resource, free. UK-based, very good in all areas. Includes fashion news, ad campaigns and fashion films, and all fashion team information.

Modem Online
www.modemonline.com
Online only, free. Based in France. Includes PR showrooms and designer contacts. Good for show information and PR news.

Models
models.com
Online directory and free online portfolio.

Press Day
pressday.net
International fashion PR directory. Free access, you just need to register with them.

作品集

在线作品集网站

Models, *models.com*

Behance, *www.behance.net*

AllYou, *www.allyou.net*

Carbonmade, *carbonmade.com*

Portfolio Box, *www.portfoliobox.net*

iPhoto app, *www.apple.com/mac/iphoto*
For iPad portfolios.

皮面作品集制作公司

BREWER-CANTELMO
55 W. 39th Street, Suite 205
New York, NY 10018
Tel: +1 212 244 4600
Email: bc@brewer-cantelmo.com
Website: www.brewer-cantelmo.com

BRODIES PORTFOLIOS
Flat 3, Number 3,
Westgate Terrace
London SW10 9BT
Tel: +44 (0)20 7373 6011
Website: www.brodiesportfolios.com

LONDON GRAPHIC CENTRE
16–18 Shelton Street
London WC2H 9JL
Tel: +44 (0)20 7759 4500
Website: www.londongraphics.co.uk

PROCESS SUPPLIES
13–25 Mount Pleasant
London WC1X 0AR
Tel: +44 (0)20 7837 2179
Website: www.processuk.net

PLASTIC SANDWICH (for iPad portfolio cases)
The Lodge (rear entrance)
Hampstead Cemetery Gates
69 Fortune Green Road
London NW6 1DR
Tel: +44 (0)20 7431 3211
Email: info@plasticsandwich.com
Website: www.plasticsandwich.com

摄影印刷公司

METRO IMAGING
32 Great Sutton Street
London EC1V 0NB
Tel: +44 (0)20 7865 0000
Email: enquiries@metroimaging.co.uk
Website: www.metroimaging.co.uk

BAYEUX
78 Newman Street
London W1T 3EP
Tel: +44 (0)20 7436 1066
Website: www.bayeux.co.uk

DS COLOUR LABS (web-based printers)
HQ: Unit 12, Bamford Business Park
Hibbert Street, South Reddish
Stockport SK4 1PL
Tel: +44 (0)16 1474 8680
Email: info@dscolourlabs.co.uk
Website: www.dscolourlabs.co.uk

NO.W.HERE (membership-based)
First Floor, 316–318 Bethnal Green Road
London E2 0AG
Tel: +44 (0)20 7729 4494
Website: www.no-w-here.org.uk

CHAN PHOTOGRAPHIC IMAGING
11B Printing House Yard
Perseverance Works
15 Hackney Road
London E2 7PR
Tel: +44 (0)20 7729 5215
Email: info@chanphotographicimaging.co.uk
Website: www.chanphotographicimaging.co.uk

PHOTOBOX (high-street printers)
Website: www.photobox.com

FUJI FILM (high-street printers)
Website: www.fuji.co.uk

商务信息

税务

HM Revenue & Customs
www.gov.uk/government/organisations/hm-revenue-customs

Register as Self-Employed
www.gov.uk/log-in-register-hmrc-online-services

National Insurance
www.gov.uk/topic/personal-tax/national-insurance

Self-Assessment Tax Return
www.gov.uk/self-assessment-tax-returns

Personal Allowance
www.gov.uk/government/publications/income-tax-personal-allowance-and-basic-rate-limit-for-2016-to-2017-and-2017-to-2018

VAT
www.gov.uk/topic/business-tax/vat

Keeping Tax Records
www.gov.uk/keeping-your-pay-tax-records

消费者权益

Office of Fair Trading – Details of Trading Standards:
www.westminster.gov.uk/sites/default/files/uploads/workspace/uploads/forms/SOGAforcustomersflyer_pdf-1324379772.pdf

Citizens Advice Bureau – Guides to returned items:
www.citizensadvice.org.uk/consumer/changed-your-mind/changing-your-mind-about-something-youve-bought

UK Government – Consumer rights:
www.gov.uk/consumer-protection-rights

追款

The links below should be used only as a last resort if you do not get paid by a client and have exhausted all other options.

HM Courts & Tribunal Services
www.gov.uk/government/organisations/hm-courts-and-tribunals-service
www.moneyclaim.gov.uk/web/mcol/welcome

Pay on Time
www.payontime.co.uk

Thomas Higgins
www.thomashiggins.com

To name and shame companies that don't pay, again as a last resort:
www.beaconreader.com/pay-me-please

保险公司

Tower Gate Camera Sure
www.towergatecamerasure.co.uk
Deals in temporary insurance (per job) as well as annual insurance for photographers.

Williamson Carson
www.williamsoncarson.co.uk
Appointed brokers to the Association of Photographers (AOP).

Glover & Howe
www.gloverhowe.com

AON
www.aon.com

Photoguard (JLT Online)
www.photoguard.co.uk

Simply Business
www.simplybusiness.co.uk
They will find quotes for you.

拓展阅读和博客

Crystal Wright's Hair, Makeup & Fashion Styling Career Guide, *www.makeuphairandstyling.com*
The Creators Project, *thecreatorsproject.vice.com*
Fondazione Prada, *www.fondazioneprada.org*

街头风格博客

Tommy Ton, *www.tommyton.com* – Ideas for styling and what to wear.
Silvia Olsen, *silviaolsen.blogspot.co.uk* – Ideas for styling and what to wear, plus Fashion Week reportage.
The Sartorialist, *www.thesartorialist.com*
Garance Doré, *www.garancedore.fr/en*
Jak & Jil, *jakandjil.com*
FaceHunter, *www.facehunter.org*

灵感来源博客

Booooooom, *www.booooooom.com* – Art, film, photo, music and design.
Ffffound, *ffffound.com* – Inspirational image-bookmarking blog.
Thisiscolossal, *www.thisiscolossal.com* – Blog of inspiration from art installations, photography to street art.
Trunk archive, *www.trunkarchive.com* – Wealth of image archives of top photographers.
Pinterest, *www.pinterest.com*
Instagram, *www.instagram.com*

专业术语

1st/2nd /3rd provisional – **第一、第二、第三人选**：预定 1 至 3 名模特，第一人是第一选择、第二人是在第一人选择了更好的工作时的选择，第三人是在第一、第二都不可选时的选择，也就是说你在拍摄时永远都有一个自己选择的模特可用。

3/4 lenth shot – **3/4 身照**：取到膝以上的景别。

6 PA/6 per annum – **双月刊**：每年刊发 6 期的杂志。

A/W(Autumn/Winter) – **秋冬季**：时尚日历中的季节，通常在二月或三月进行展示。(也用 F/W,Fall/Winter 表示)

acetates– **醋酸纤维页**：透明的醋酸塑胶插页，可以插入作品集中的照片。

ad – **广告**

advertorial – **软广告**：在报纸或杂志中的产品推广，但是以非商业内容的形式进行拍摄制作的。

agent/agency – **中介 / 代理**：代表模特、摄影师、造型师、妆发造型师和美甲师这类艺人的个体或公司。

all–inclusive – **全套费用**：客户为你提供的资金总额，包含服装、道具、开支和你最终的酬劳总数（无论是否包含代理费用）。

APA (Advertising Producers Association) – **广告制作人协会**。

art buyer – **艺术买手**：与创意团队合作组织广告拍摄的人。收集作品集或视频作品集，从而挑选摄影师或导演以及团队成员。

art director – **艺术总监**：负责广告整体风格的人。

artist(music) – **艺人（音乐）**：歌手、团体或乐队成员。

Artist Confirmation – **艺人确认函**：由你或你的代理递交给客户或你的雇佣方的合同，确认你参与项目的具体日期、时间和协定费用。

artist fee – **艺人薪酬**：你的薪酬。

availability – **档期**：适用于工作。客户会致电确认某个特定日期你是否有空，或者你其他有空的时间。

BFC（British Fashion Council）– **英国时装协会**。

biannual – **半年刊**：一年刊发两次的杂志。

Big Four – **四大时装周**：承办春夏季和秋冬季服装系列发布会的主要时装周城市：纽约、伦敦、米兰和巴黎。

blog – **博客**：由个人或组织规律性更新的网站，通常以非正规或对话式风格进行写作。

body tape – **身体胶带**：双面胶，又称假发胶带、内衣胶带、时装胶带或乳头胶带。

book – **作品集**：造型师用来展示成果的皮面本；又见 "portfolio- 作品集" 条目。

booker – **经纪人**：照顾代理旗下的、如造型师这样的艺人，预定艺人的所有工作、会面，解决后勤问题、确认项目条款和预算。

booking fee – **定金**：由代理向客户收取的、因预定该代理旗下艺人而产生的费用，通常是艺人薪酬标准的 20%。

boutique – **精品店**：售卖设计师服装的小型商店。

brand – **品牌**：能够定义某产品、服务或企业的名称、符号、术语、标语或特色。

brief – **任务单**：简单阐释客户想要的拍摄或产品风格的综述或故事。

budget/budget fee – **预算 / 预算费用**：由造型师提出的并由客户确认的、定额的置装费。

budget costing **预算成本**：由造型师计算得出的、所有任务单中规定的、完成项目需花费的服装和道具金额。

budget invoice **预算发票**：项目开始前由造型师开具给客户的发票，由客户以现金形式返还给造型师，用于为项目购买服装或道具。

buyer – **买手**：为商店采购设计师服饰的个人。

call sheet – **通告单**：包含拍摄的所有关键信息的文件，比如团队成员的姓名、联系方式、外景地、日期、时间和拍摄发票号码。

call time – **通告时间**：要求到达拍摄现场的时间。

call–in – **借衣**：由造型师向公关或设计师公司内部的媒体代表索要的一系列服装；又见 "pull- 借调" 条目。

Carnet – **过境证明**：造型师带着一箱子的衣服从英国出境去海外拍摄时，由造型师填写的 "商品护照"。

cash flow – **现金流**：从企业中进出的钱款。

casting – **试镜**：在为项目确定模特人选时，由客户或试镜代理与一名或多名模特的会面。

catwalk–**T 形台**：时装秀中模特走出来，用于向时尚精英人士，如编辑、名人、博主以及造型师展示服装的场合。

client – **客户**：雇佣造型师、支付造型师工资的个人或公司。

close–up – **特写**：细节的拍摄，例如某件产品、面部或手。

collection – **服装系列**：由设计师为时装季设计制作的服装系列。

Coloramas – **彩色幕布**：拍摄时作为幕布的一卷彩纸。

commissioning letter/pull letter/ covering letter – **介绍信 / 借调信**：由杂志社开具的、确认造型师正在为他们拍摄一则故事的信件，具体说明了拍摄和刊印的季节和日期。

comp slip – **感谢纸条**：写有造型师姓名、标识和联系方式或代理联系方式的纸条。

composite card/comp card/promo card **艺人资料卡 / 艺人卡**：造型师和模特用作展示 3 至 4 张工作图片，并附上联系方式或代理联系方式的，A5 大小的商业名片。

concept – **概念**：拍摄的理念。

consultant – **顾问**：与设计师紧密合作、为品牌提供灵感、建立正确形象的造型师。

contact sheet – **相版**：印有所有拍摄底片的、A4 大小的相纸。

continuity – **一致性**：在制作电视节目、电影或音乐录影带时，确保所有的服装和饰品细节都保持一致，比如，确保在接连数天中，手镯都戴在艺人的左手手腕。

contributing – **投稿**：作自由职业者时为某家杂志创作造型故事。

costing – **成本**：参见 "budget costing- 预算成本" 条目。

costume assistant/trainee/wardrobe assistant/ standby – **服装助理 / 实习生 / 剧装助理 / 替补人员**：在电影或电视领域在现场为服装管理员打理服装等事务的人。(电视拍摄场合多用 standby 这个词)

costume dailies – **服装帮手**：拍摄电影或电视时，遇到现场群演众多的情况，被雇佣来帮忙的专业服装人士。

costume supervisor – **服装监制**：拍摄电影和电视时，与设计师直接对接的、确保艺人穿着的服装准备妥当的人。

costumier/costume designer – **服装师 / 服装设计师**：为电视节目或电影中每个角色设计创作服装搭配的人。

courier – **快递**：将样衣从公关处寄送给造型师或反之的人或

公司。

creative director – 创意总监：根据任务单构思创意的人，负责在艺术作品的生产和改进或艺人推广的过程中给团队发号施令。

creative directory – 创意人名录：列举了创意行业从业人员的联系方式、职务的手册或网站。

credit note – 返点积分：在退还商店售出的商品时，由商店给予造型师的积分券，仅限于在该商店或该精品店消费时使用。不会以现金形式退款。

credits – 品牌信息：在图片旁边列出的、模特身穿的样衣的具体信息、设计师以及哪里能够买到它（服装信息）的信息，或者是参与拍摄的人名、他们的代理以及其他信息（艺人信息）。

crew – 摄制组：参见"team- 团队"条目。

crop shot – 局部照：经裁剪的模特照片，例如，从腰的高度向上，或者是脸部或是一只鞋。

cruise – 游轮服装系列：参见"resort- 度假服装系列"条目。

day rate – 日薪：造型师每天工作的薪酬。

denier – 纤度：一双连体袜的织数的密度。

department store – 百货商店：拥有众多设计师和时装品牌的大型商店。

Digital Operator – 数码修图师：在拍摄期间和拍摄后与摄影师一起工作的人，确保图像是广告公司或客户想要的。

director – 导演：监督广告、音乐录影、电视节目或电影拍摄和剪辑的人。

docked – 勾划明细单：在清空或填满由公关提供的样衣纸袋时，勾划掉明细单上的衣服列表。

docket – 明细单：列明由公关公司或设计师展示间借给造型师的一系列样衣列表。通常放置在公关寄送出的样衣袋中。

domain name – 域名：网站的名称或地址。

DPS(Double–page spread) – 跨页图片：双页内容，也就是一张图片跨越了杂志中的两页。

dresser – 换装师：在时装秀中为模特穿衣的人，帮助他们快速换衣并搭配服装。

drops – 递送：由造型师归还给公关的快递包裹。

e-commerce – 电子商务：基于网络的零售网站。

edit – 挑选：把从公关处挑选的样衣压缩到几件单品。

editorial – 非商业性内容：杂志为模特或名人拍摄的 6 至 8 页的图片。

expenses – 开支：你为项目花费的个人开支，应由客户在事后报销。

extras – 群众演员：在音乐录影、电视节目或电影的背景中出镜的演员。

F/W(Fall/Winter) – 秋冬季：见 A/W。

fashion cupboard – 样衣间：杂志办公室中的一个房间，对所有公关样衣进行保管、为拍摄进行挑选、拍摄完毕归还给公关前进行整理发生的地点。

fashion directory – 时尚名录：参见"creative directory- 创意人名录"条目。

fee – 薪酬：造型师完成项目的费用。

fitting – 试装：模特、名人或演员试穿服装的会面，查看服装是否合身并与每一个计划的拍摄场景是否协调。

freelance – 自由职业：个体经营者，受雇于不同的公司和不同的任务。

full bleed – 全出血：没有边框的图片。

full length – 全身照：模特的全身照。

go-see – 见客户：造型师向客户展示他们的册子或作品集的会面，借此希望能够在将来拿到项目。

haute couture – 高级定制：设计师为个别客户量身定制的服装，价格非常昂贵。

high end – 高端服装：有着高标准的设计师服装，价格高昂。

high street – 高街服装：在主要商业街道售卖的、价格在可承受范围内的服装，例如拓普肖普（Topshop）、海恩斯莫里斯（H&M）、玛莎（M&S）、河岛（River Island）。

house model – 公司专属模特：为时装品牌试穿服装系列中所有衣服的模特，为标准尺码身材。

in-house PR – 公司内部公关：公司内部的公关人员，为设计师个人服务，作为他们的媒体发言人，处理样衣需求。

internship – 长期实习：无偿的、可报销差旅费的尝试性工作，有时能拿到最低工资。通常工作一个月到六个月甚至更长，比短期实习和见习承担的职责更大。

invoice – 发票：写明造型师薪酬和完成项目的开支的文件。

job – 工作：分配给造型师完成的任务。

Job Number – 作业编号：派发给造型师去完成的指定项目的编号。

kit – 工具箱：内含完成项目所需的必要工具，例如针线、别针、长尾夹、剪刀、胶带等。

lead time – 交付周期：从拍摄到发表之间的时长。

LFW(London Fashion Week) – 伦敦时装周。

line sheet – 样衣列表：列举了所有需要被拍的样衣的序号、名称的纸张，通常是为图册拍摄而准备的。

liner notes – 说明文字：在时装秀上放在礼品袋内或座位上的印发信息，列举了关于设计师、服装系列，以及合作方的详细内容，例如：鞋、包设计师，再加上从 T 台上走出来的每一身服装的列表。又见"press rlease- 媒体发布会"条目。

location – 外景地：拍摄进行的地方。

look – 搭配：由模特、名人或艺人穿着的一整套服装，包括服装、配件和表演效果。

look board – 搭配板：在时装秀中，除了服装或穿搭外分配给每一名模特的信息。解释了每一身穿搭是如何搭配在一起的、走秀时每一套搭配的顺序又是如何的。参见"model board - 模特板"条目。

lookbook – 搭配手册：印有时装设计师新一季服装系列照片的小册子，展示了模特在影棚里的照片，或是模特走秀的照片。用作市场营销，也被公关用于处理样衣需求。

masthead – 刊头：杂志中的姓名、职位列表，列举了为杂志服务的所有人的信息。

MFW(Milan Fashion Week) – 米兰时装周。

model board – 模特板：在时装秀前预先做好的信息板，告知穿衣工和模特每一身设计好的穿搭应如何穿着，以及它们出现在秀场上的顺序。通常展示模特的照片、对应的穿搭、穿搭序号以及穿搭的简短介绍和它的造型故事。

mood board – 情绪板：做造型之前为了阐释、突出某种风格或某个项目理念而选择的一系列图片组合。

NYFW（New York Fashion Week）– 纽约时装周。

Off schedule – 主秀外的秀：四大时装周中没有出现在主要走秀的日程中的设计师走秀。由私人提供资金，展示年轻设计师的作品，为最令人心动、尖端的时装天才提供了平台，重要性不亚于主秀。

On Schedule – 主秀：时装周上的、有官方日程安排的、主流奢侈品牌的服装系列走秀。

on trend – 流行：与时俱进的。

option – 人选：为项目预约模特、摄影师、造型师等的人选。又见"1st/2nd /3rd provisional– 第一、第二、第三人选"条目。

pencil in – 标记：客户会在正式给造型师委派项目前，把他们的名字先记在日志上。

personal shopper – 私人买手：为音乐艺人、品牌、名人或私人客户挑选或购买服装的人。

PFW（Paris Fashion Week）– 巴黎时装周。

placement – 工作实习：见"internship- 长期实习"、"work experience- 见习"条目。

portfolio – 作品集：造型师、摄影师、妆发造型师等参与的工作的合集。又见"book- 作品集"、"show reel- 视频作品集"条目。

PPM – 制前会议：制作前召开的会议，团队成员可以在拍摄前聚在一起，确保每个人都知晓各自的分工。

PR – 公关：公共关系，造型师在借装时会遇到他们。

pre–fall – 早秋发布：秋冬发布季之前的发布。

prep – 准备：为拍摄等工作做准备。

press day – 媒体日：由公关公司组织的、向时装媒体呈现新系列的活动。

press release – 新闻资料：关于设计师、发布会和系列的印发信息。又见"liner notes- 说明文字"。

Public Relations – 公共关系：见"PR- 公关"。

pull/pull in – 借调：为了进行时装拍摄，从时装品牌或公关公司索要样衣的行为。又见"call-in- 借衣"条目。

purchase order/PO Number – 订购单 / 订单编号：订购单文件是开始进行项目的许可凭证；若没有，订单编号也被普遍接受，作为可以开始项目并在完成项目后开发票的充足凭据。

ready–to–wear/RTW – 成衣系列：制作出来后在商店售卖的、有固定尺码（英码 8、10、12、14 等）的服装，而非为个人量身定制的。

red carpet – 红毯：在重大活动入口前，铺在地面的长长的红色地毯，例如为名人准备的奥斯卡红毯。

resort – 度假服装系列：又称"游轮服装系列"，在春夏时装秀之前的服装系列。

returns – 样衣归还：在拍摄结束后，归还给公关或设计师的样衣。或由快递递送，或由造型师或助理递送；也包括在商店退换以拿回钱款的服装。

running order – 出场顺序：在时装秀中模特及服装出现在 T 台上的顺序。

runway – T 台：天桥的又一称呼。

S/S(Spring/Summer) – 春夏季：时装日历中的季节，通常在九月或十月间展示。

sample – 样衣：设计师系列中的单品，通常是英码 6 至 8 码的，由公关持有，并通过借给造型师或名人在媒体上展示。

sample size – 样衣尺码：标准的模特英码尺寸 6 至 8 码。

season – 季节：参见"A/W- 秋冬季"、"S/S- 春夏季"条目。

shapewear – 塑形衣：男性和女性为了塑形穿着的紧身内衣；又见"Spanx- 斯班克斯"条目。

shoot – 拍摄：摄影师与模特、造型师、妆发造型师团队，为杂志或广告拍摄照片。

show reel – 视频作品集：含有造型师、导演、化妆师等人创作作品的影片格式的短片。

Spanx – 斯班克斯：一个塑形衣品牌。

spread – 整版文章：时装故事。

still – 静止摄影：照片。

stockist – 零售商：售卖在杂志拍摄中出现过的产品的商店。

story – 故事：杂志中的非商业内容。

storyboard – 分镜：展示广告或音乐录影如何被拍摄的插图序列（卡通），近似于情绪板；又见"treatment- 脚本"条目。

street style – 街头风格：街头时尚。

talent – 艺人：像音乐人或演员这样的艺术家。

target market – 目标受众：某个产品针对的特定消费群体。

team/crew – 团队 / 摄制组：参与拍摄或录影的一队人马，每人都各有分工。

tear sheet/tear 撕页：或是为了拍摄构思而从杂志上撕下来的图片，或是造型师曾参与完成的杂志项目，后被整齐剪裁下来以加入他们的作品集。

testing/test shoot – 试拍：参与拍摄的所有人都是为了赚取经验而无偿工作的拍摄项目。

toupée tape – 假发胶带：参见"body tape- 身体胶带"条目。

treatment – 脚本：与任务单相同，但是针对录影而言的，阐释了拍摄的风格和方法。又见"brief- 任务单"、"storyboard- 分镜"条目。

trend – 潮流：正在萌发或变化的总体时尚趋势。

wardrobe designer – 剧装设计师：参见"costumier- 服装供应商"条目。

webitorial – 在线内容：为在线杂志而非纸质杂志进行的拍摄。

work experience/work placement 见习 / 短期实习：通常长达一周或一个月的尝试性工作，差旅费可报销。又见"internship- 长期实习"条目。

索引

斜体为图注内容，**粗体**为采访内容。

图片版权

Page 6 Photograph by Jessica Warren / Page 8 Courtesy of Compônere magazine. Photographer: Sarah Louise Johnson, www.sarahlouisejohnson.com; model: Sam Wilkinson @ Profile Model Management; stylist: Danielle Griffiths; hair stylist: Mariko Kinto; make-up artist: Jo Mackay; photographer's assistant: Jessica Warren; dress: Andrew Majtenyi; jewellery: Milly Swire / Page 12 left Courtesy of A Magazine/Aïshti / Page 12 centre Courtesy of Compônere magazine. Photographer: Sarah Louise Johnson; stylist: Irene Darko; hair stylist: Mariko Kinto; make-up artist: Harriet Hadfield / Page 12 right Courtesy of Russh magazine. Photographer: Santiago & Mauricio @ Cadence NY; model: Hana Jirickova @ Storm Models wearing Celine top and skirt; fashion: Gillian Wilkins; hair: Bok-Hee @ Streeters; make-up: Serge Hondonou @ Frank Reps; casting director: Paul Isaac; producers: Mark Day @ Cadence NY and Cesar Leon @ Sansierra Studio; retouching: Velem / Page 13 top Courtesy Jung von Matt/Limmat / Page 13 bottom © Tim Bret Day / Page 14 Courtesy Petra Storrs / Page 15 Photographer: Alice Hawkins; stylist: Kimi O'Neill; hair stylist: Eamonn Hughes; make-up artist: Hiromi Ueda; mirrored dress: Petra Storrs / Page 16 IPA/REX/Shutterstock / Page 18 top TOAST, www.toast.co.uk / Page 18 bottom Courtesy Liberty London Girl / Page 19 Photograph by Shxpir, Wilhelmina Artists Image Board for Harper's Bazaar China / Page 22 Courtesy Newheart Ohanian / Page 23 Photographer: Yulia Gorbachenko; stylist: Newheart Ohanian; stylist's assistant: David Melton; hair: Linh Nguyen; make-up: Roshar; model: Ryan Christine @ Wilhelmina Models, NY; retoucher: Lulie Talmor; fur cape: Helen Yarmak; vintage Chanel muff: Depuis 1924 / Page 24 Courtesy of Compônere magazine. Photographer: Sarah Louise Johnson, www.sarahlouisejohnson.com; model: Sam Wilkinson @ Profile Model Management; stylist: Danielle Griffiths; hair stylist: Mariko Kinto; make-up artist: Jo Mackay; photographer's assistant: Jessica Warren; dress: Aqua; hat: Stephen Jones for Issa / Page 28 Photograph by Jessica Warren / Page 31 top Courtesy Petra Storrs / Page 31 bottom Courtesy Sandrine & Michael / Page 33 © John Hooper / Page 35 © Silvia Olsen / Page 36 Courtesy M&C Saatchi / Page 37 MNDR photographed by Elias Wessel; styled by Newheart Ohanian; hair: Charley Brown; make-up: Asami Matsuda; photographic assistance: Karinna Gylfphe; fashion assistance: Karolina Karjalainen; post-production: Elias Wessel Studio / Page 38 Courtesy ASOS / Page 39 Steve Granitz/Wirelmage/Getty Images / Page 40 Courtesy Adidas / Page 41 Courtesy 9PR, www.9pr.dk / Page 43 Creative: Chameleon Visual; Production & Installation: Chloé; Photography: Julia Chesky / Page 44 Courtesy Blow PR /

Page 46 catwalking.com / Page 47 Courtesy the author / Page 48 Mark Large/Associated Newspapers/REX/Shutterstock / Page 53 Courtesy Siim Kohv / Page 55 Photograph by Kaitlyn Ham, www.modernlegacy.com.au / Page 57 top www.hoxtonstreetstudios.co.uk / Page 57 bottom © Miss Aniela / Page 59 Courtesy the author / Page 60 Courtesy of Compônere magazine. Photographer: Sarah Louise Johnson, www.sarahlouisejohnson.com; model: Sam Wilkinson @ Profile Model Management; stylist: Danielle Griffiths; hair stylist: Mariko Kinto; make-up artist: Jo Mackay; photographer's assistant: Jessica Warren; dress: Pierre Garroudi; shoes: Claire Davis for Raffaele Ascione; jewellery: Milly Swire / Page 63 © Sara Rumens / Page 64 Courtesy the author / Page 65 © Shutterstock / Page 66 © Ik Aldama/Demotix/Corbis / Page 68 Courtesy Celine Cavaillero / Page 69 Photograph by Jessica Warren / Page 73 left Eurasia Press/Glow Images / Page 73 right © eye35.pix/Alamy Stock Photo / Page 74 Courtesy Ursula Lake / Page 75 top Photograph by Greg Sorensen; model: Josefien Rodermans @ Supreme Management / Page 75 bottom Photograph by Greg Sorensen; model: Kel Markey @ Supreme Management / Page 76 Courtesy of Compônere magazine. Photographer: Sarah Louise Johnson, www.sarahlouisejohnson.com; model: Sam Wilkinson @ Profile Model Management; stylist: Danielle Griffiths; hair stylist: Mariko Kinto; make-up artist: Jo Mackay; photographer's assistant: Jessica Warren; swimsuit: stylist's own; hat: Stephen Jones for Issa; jewellery: Milly Swire / Page 78 Courtesy the author / Page 80 © Miss Aniela / Page 81 Courtesy Fridja, fridja.com / Page 83 Photograph by Jessica Warren / Page 84 Photograph by Zoë Buckman / Page 85 top Photograph by Tim Sidell / Page 85 bottom Photograph by Zoë Buckman / Page 86 all © Shutterstock / Page 88 top © Anthea Simms / Page 88 bottom © Paul Cunningham/Corbis / Page 89 © Anthea Simms / Page 90 catwalking.com / Page 92 © Anthea Simms / Page 93 © Silvia Olsen / Page 94 left Courtesy Fridja, fridja.com / Page 94 right Courtesy the author / Pages 95, 96 © Silvia Olsen / Page 98 catwalking.com / Page 99 left Courtesy the author / Page 99 centre and right © Silvia Olsen / Page 100 Courtesy of Compônere magazine. Photographer: Sarah Louise Johnson, www.sarahlouisejohnson.com; model: Sam Wilkinson @ Profile Model Management; stylist: Danielle Griffiths; hair stylist: Mariko Kinto; make-up artist: Jo Mackay; photographer's assistant: Jessica Warren; knitted swimsuit: stylist's own; hat: Stephen Jones for Issa; jewellery: Milly Swire / Page 102 Photograph by Jessica Warren / Page 103 © Miss Aniela / Page 104 Courtesy Ian Harrison / Page 106 Courtesy Storm Models / Page 107 Courtesy the author / Page 108 Courtesy Michael Salac / Page 110 © Masterpics/Alamy / Page 111 © Anthea Simms / Page 112 © Lee Powers / Page 113 top Courtesy Saltdean Lido Community Interest Company, www.saltdeanlido.co.uk / Page 113 bottom Courtesy Profile Model Management and Sam Wilkinson / Page 114 Courtesy of Compônere magazine. Photographer: Sarah Louise Johnson, www.sarahlouisejohnson.com; model: Sam Wilkinson @ Profile Model Management; stylist: Danielle

致谢

首先特别感谢 Conrad Heron 和 James Maltby 提供网站专业知识，Anne-Sofie van den Born Rehfeld 为我在布鲁塞尔图书馆提供了美丽的写作环境。

感谢 Susie Forbes、Vanessa Woodgate、Rosie Spencer、Michelle Shashoua、Jess Fynn 和 Nicky Guymer 通读稿件并提出意见和帮助。

感谢 Eric、Helen Arnold、Gail Arnold 和 Seema Bradbury 和我讨论合同、税费等问题，对本书帮助很大。

感谢 Terri Manduca、Mrs E、Sally-Anne Lee、Lee Southgate、Rachael Foster、Michael Salac、Don Rouse、Sonia Deveney、Vas Karpetas 在造型上提供的帮助。

感谢每一位接受采访的人和提供照片的摄影师，感谢你们的耐心、给予我的精彩信息和图片，它们是 Blow 公关公司的 Michael Salac、Petra Storrs、Alice Hawkins、Paloma Faith、Miss Molly、John Hooper、Zoë Buckman、Tim Sidell、Ursula Lake、Tim Bret Day、Greg Sorensen、Bel January、Liz Sheppard、Newheart Ohanian、Yulia Gorbachenko、Elias Wessel、MNDR、Sarah Louise Johnson、Mariko Kinto、Jo Mackay、Jessica Warren、Sam Wilkinson、Profile Models 模特公司、Irene Darko、Siim Kohv、Hoxton Street 工作室、Liz Linkleter、Gail Arnold、Dawn Macleod、Don Rouse、Dimitri Daniloff、Ian Harrison、Silvia Olsen、Lee Powers、Caesar Lima、塑料三明治公司的 Emma Townsend、Sandrine & Michael 摄影工作室、自由伦敦女孩的 Sasha Wilkins、哥本哈根 9PR 公司的 Cecilie Gry Philipsen、Sally Hughes、Vanessa Woodgate、Gail Arnold、Don Rouse、Mei Lai Hippisley Coxe、Rebecca Cole、Celine Cavaillero、Lisa Kemp、Fridja、Brodies Portfolios 公司的 Brodie Gibson、Brewer-Cantelmo 公司的 Jonathan Evans。

感谢 Sue Arnold、Alex Solomons、Jenny Carroll、Liz Thody、Lynda Bell、Jo O'Connor、Mitchell Belk、Patricia Martinez、Emma Spike、Susanne James、Madeleine Christie、Alice Massey、Megan Morrell、Francesca Leon、Jon Bugge、Patrick John Morrison、Diana Scheunemann、David Ellis、Aly Hazelwood、英国时装和纺织协会的 Hannah Neaves 和 Adam Mansell。

感谢 Heather Vickers、Sue George、Sarah Batten、Jon Allan, Kim Wakefield 以及劳伦斯·金出版社的 Felicity Maunder 为图片搜集和编辑做出的卓越努力。

感谢我的家人和朋友，感谢你们的支持和帮助。

感谢爸爸和妈妈，你们永远都在那支持我。妈妈，我永远都记得多年以前我们在华盛顿的一个酒吧里的交谈，它一直推动我的前进。爱你。

最后感谢 Piers、Raffy 和 Esme，这本书献给你们三个。真开心我的愿望实现了。爱你们。

"无论你花多少时间都没关系，只要你坚持下去"——安迪·沃霍尔？孔子？

图书在版编目（CIP）数据

时装造型师手册 /（英）丹妮尔·格里菲斯
(Danielle Griffiths) 著；赵婧译 . -- 长沙：湖南美
术出版社，2020.2
　　ISBN 978-7-5356-8637-4

　　Ⅰ . ①时… Ⅱ . ①丹… ②赵… Ⅲ . ①服装设计 – 手
册 Ⅳ . ① TS941.2-62

　　中国版本图书馆 CIP 数据核字 (2019) 第 225114 号

© Text 2016 Danielle Griffiths. Danielle Griffiths has asserted her right under the Copyright, Designs and
Patens Act 1988, to be identified as the Author of this work.
Translation © 2019 Ginkgo (Beijing) Books Co., Ltd
This book was produced in 2016 by Laurence King Publishing Ltd, London.
This translation is published by arrangement with Laurence King Publishing Ltd for sale/distribution in the
Mainland (part) of the People's Republic of China (excluding the territories of Hong Kong SAR，Macau SAR
and Taiwan Province) only and not for export therefrom.

本书中文简体版权归属银杏树下（北京）图书有限责任公司。
著作权合同登记号：图字18-2019-173

时装造型师手册
SHIZHUANG ZAOXINGSHI SHOUCE

出 版 人：黄　啸	著　者：［英］丹妮尔·格里菲斯
译　者：赵　婧	选题策划：后浪出版公司
出版统筹：吴兴元	编辑统筹：郝明慧
特约编辑：黄克非	责任编辑：贺澧沙
营销推广：ONEBOOK	装帧设计：倪旻锋·兒日設計
出版发行：湖南美术出版社（长沙市东二环一段 622 号）	印　刷：北京盛通印刷股份有限公司
后浪出版公司	（亦庄经济技术开发区科创五街经海三路 18 号）
开　本：720×1000　1/16	字　数：275 千字
印　张：13	版　次：2020 年 2 月第 1 版
印　次：2020 年 2 月第 1 次印刷	书　号：ISBN 978-7-5356-8637-4
定　价：78.00 元	

读者服务：reader@hinabook.com 188-1142-1266　　　投稿服务：onebook@hinabook.com 133-6631-2326
直销服务：buy@hinabook.com 133-6657-3072　　　　网上订购：http://hinabook.tmall.com